走进长寿奇品——

蜂王浆

◎ 刘进祖 主编

U0306710

中国农业科学技术出版社

图书在版编目（CIP）数据

走进长寿奇品：蜂王浆／刘进祖主编.—北京：中国农业科学技术出版社，2019.9

ISBN 978-7-5116-4378-0

Ⅰ.①走… Ⅱ.①刘… Ⅲ.①蜂乳-基本知识 Ⅳ.①S896.3

中国版本图书馆 CIP 数据核字（2019）第 202657 号

责任编辑	白姗姗
责任校对	贾海霞

出 版 者	中国农业科学技术出版社
	北京市中关村南大街 12 号　邮编：100081
电　　话	(010)82106638(编辑室)　　(010)82109702(发行部)
	(010)82109709(读者服务部)
传　　真	(010)82106650
网　　址	http://www.castp.cn
经 销 者	各地新华书店
印 刷 者	北京富泰印刷有限责任公司
开　　本	710mm×1 000mm　1/16
印　　张	7.75
字　　数	120 千字
版　　次	2019 年 9 月第 1 版　2019 年 9 月第 1 次印刷
定　　价	48.00 元

作者简介

刘进祖，研究员，国务院政府特殊津贴专家。1987年毕业于福建农学院蜂学系蜂学专业，现任北京市蚕业蜂业管理站站长，兼任中国养蜂学会副理事长、中国蜂产品协会名誉副会长、国家蜂体系北京综合试验站站长、福建农林大学硕士生导师、江西农业大学兼职教授等职务。

主持完成了国家科委、农业部、团中央、国家林业局、北京市的科研与技术推广项目52项，获省部和局级科技进步奖与推广奖20项，获授权专利35项、部级以上优秀科技论文23篇。主持制定蜂业国家标准3项、北京市蜂业行业地方标准8项，审定全国性蜂业标准20项。出版《中国蜜蜂学》《蜂疗与养生》《程序化养蜂法》《科学养蜂实用技术指南》《蜂产品科学消费600问》等十部专业著作，主持拍摄科教专题片《蜂蜜王浆优质高产综合配套技术》等四部，并在中央电视台播出。

荣获中国优秀青年科技创业奖、全国林业产业突出贡献·先进个人、全国优秀林业科技工作者、中国优秀青年科技创业奖、全国蜂业突出贡献奖、全国蜂产品行业特别贡献奖、杰出标准化工作者和优秀企业家、北京青年五四奖章、北京市先进专利工作者、京郊农村经济发展十佳科技工作者等称号。

《走进长寿奇品——蜂王浆》
编委会

食物力量的典范——蜂王浆

"民以食为天"这句古语道出了食物对于个人乃至国家和谐、稳定、发展的重要意义。其实，不仅仅对于我们人类社会如此，食物对于蜜蜂王国生存及繁衍赓续的重大作用更是到了令人惊异的地步。

同样的蜜蜂受精卵，若吃蜂王浆就发育成蜂王，若吃蜂糜（以蜂蜜和花粉为主）就长成普通工蜂。与工蜂相比，蜂王不但体重大（是工蜂的 3 倍）、个子高（比工蜂长 1/3）、生长快（成熟期提前 24%）、寿命超长（蜂王寿命是工蜂的至少 50 倍以上），而且其超强的生育能力令自然界任何"妈妈"都望尘莫及，甘拜下风。在繁殖季节，蜂王可昼夜不停地产卵，一昼夜产 2 000~2 500 粒，总重量是其自身重量的 2.5~3 倍！更令人惊艳的是，蜂王是整个蜂群的绝对核心，率领着由几万只小蜜蜂组成的蜜蜂王国过着幸福和谐的甜美生活。

可以说，没有蜂王浆，就没有蜜蜂社会，就没有蜂王和工蜂如此之天壤之别！蜂王浆的独特魅力不仅在蜜蜂社会中彰显至极，在母鸡、果蝇等其他生物身上乃至我们人类健康养护中的作用也是屡试不爽。早在 20 世纪 20 年代，加拿大一位养蜂家连续 3 个月喂母鸡食用蜂王浆，结果这只母鸡产的蛋又大又多。美国《肌肉的力量》杂志报道，以纯蜂王浆喂食的果蝇，其寿命是其他果蝇寿命的 3 倍。日本一直是世界上蜂王浆最大的消费国，这与蜂王浆有一定关系。原亚蜂联主席、日本玉川大学松香光夫教授说："30 多年来日本人的身高增加了，寿命延长了，这都受益于蜂王浆。"

自然界恐怕没有哪一种食物对于生命的影响像蜂王浆如此之大，虽然关于蜂王浆和蜜蜂世界仍有很多未解之谜，但无论如何，王者之食——蜂王浆的神奇魅力使蜂王成为蜂群中真正的王者，鹤立"蜂"群的事实不容忽视。自 20 世纪 50 年代蜂王浆开始风靡世界至今一直畅销不衰。近些年来，不仅仅日本、欧美等发达国家蜂王浆消费量有增无减，非洲国家从我国进口蜂王浆的势头也在增强。

我国是世界第一养蜂大国，养蜂规模占世界的 1/9，同时也是世界最大的蜂王浆生产国和出口国。国际贸易中的蜂王浆产品有 90% 以上来源于中国。遗憾的是，我国自身却是蜂王浆的消费小国。原本消费乏力的市场更因着一些媒体及网络对蜂王浆的不实报道，误导了消费者对蜂王浆的认识，严重扰乱了我国蜂王浆产业的健康发展。

当下，亟须一本好书，能够帮助广大中国消费者正确认识蜂王浆，指导大家科学合理食用蜂王浆。本书的问世恰逢其时，如天降甘露。此书由我国蜂业界资深专家、国务院政府特殊津贴专家、中国蜂产品协会名誉副会长、中国养蜂学会副理事长、北京市蚕业蜂业管理站站长、国家蜂产业技术体系北京综合试验站站长刘进祖研究员主编，汇集了其率领的多位业界同仁三十多年的科学研究成果及生产管理实践，对蜂王浆进行了全面系统、科学严谨、客观公正的介绍，同时更兼具清晰、通俗、便于查阅等优势，是不可多得的蜂王浆科普宝典！

唯愿消费者慧眼识珠，借此宝书识得宝物，有幸享用《走进长寿奇品——蜂王浆》带来的健康生活，见证食物的神奇力量！

中国蜂产品协会会长：杨荣

2019 年 8 月 1 日

目 录

第一章

蜂王浆概述

第一节 蜂王浆的生产

一、蜂王浆的定义

蜂王浆是幼龄工蜂的舌腺（即咽下腺）与上颚腺分泌的用来饲喂蜂王及小幼虫的浆状物，也被人们称为蜂王浆或蜂乳、王乳，简称王浆。蜂王浆的营养价值很高，工蜂和蜂王都是雌性蜂，蜂王因为一生吃蜂王浆，其生殖器官发育完全而成为蜂王，每天产卵2 000粒左右，寿命长达3~4年，最长可达10年；而工蜂仅在小幼虫期食用蜂王浆，以后改食蜂蜜和花粉，成熟后无生育能力，寿命仅仅1~2个月。人们普遍认为，蜂王浆珍稀名贵，成分复杂，有着极强的保健功能和神奇的医疗效用。

二、蜂王浆的来源

蜂王浆是青年工蜂食用蜂蜜和花粉后，在消化道内充分消化、吸收，转化，由头部营养腺（舌腺和上颚腺）分泌出来的混合物。可见，蜂王浆是蜂蜜和花粉在工蜂体内代谢而成的，这些物质经过蜜蜂的生物加工，已经产生本质变化，其作用和功能也大大提高。

分泌蜂王浆的蜜蜂多是3~20日龄的低龄青年工蜂，这一阶段工蜂的营养腺特别发达，被称为泌浆适龄蜂。泌浆适龄蜂的多少决定着蜂王浆的产量，蜂群中适龄蜂越多，产浆量越大，反之则少。

三、蜂王浆的生产条件和工序

人们利用蜂群中哺育蜂过剩时就会筑造自然王台培养蜂王的习性，人为地给予较多的人工台基。移入 1~2 日龄工蜂幼虫，工蜂受本能的支配将分泌的蜂王浆吐入王台，来饲喂幼虫。将王台内吐满蜂王浆，待蜂王幼虫消耗较少、剩余王浆量最多的时候，人们取出幼虫，收集台基内的王浆，每个王台每次可取浆 0.3~0.5 克。由于工蜂和蜂王幼虫遗传上的一致性以及蜂群能够接受人工台基，为大量生产蜂王浆奠定了基础。

生产蜂王浆有一定的季节性，具备以下六个条件，就可生产王浆。

1. 蜂群强壮

一般 8 足框蜂以上，蜂龄协调，子脾齐全、健康。

2. 饲料充足

蜜粉源丰富。

3. 温度适宜

一般 15℃以上。

4. 工具具备

采浆框、台基条、台基、移虫针、镊子、刀片、消毒酒精、盛浆瓶、取浆舌或取浆器、巢脾承托盘。

5. 技术熟练

6. 管理科学

蜂王浆的生产工序不是一成不变的，随着养蜂技术的提高和产浆机具的改进而变化。一般有十一个工序：安装台基、清扫台基、点浆、移虫、补虫、提框、割台、捡虫、取浆、清台、冷藏王浆。

第二节　蜂王浆的分类

一、根据蜜源植物分类

人们习惯以花期名称命名蜂王浆种类，什么花期生产的王浆就称为什么王浆。例如，在油菜花期所采集到的蜂王浆称作油菜浆，在刺槐花期采集到的王浆称作刺槐浆，同理，还有椴树浆、葵花浆、荆条浆、紫云英浆、芝麻浆、杂花浆等。

二、根据色泽分类

蜂王浆标准中有以色泽深浅进行分类的，不同蜜粉源花期所生产的蜂王浆，其色泽有较大差异。例如，油菜浆为白色；刺槐浆为乳白色；椴树浆、棉花浆、荆条浆也以乳白色为主，个别的呈微黄色；紫云英浆为淡黄色；葵花浆为浅黄色；荞麦浆呈微红色；山花椒浆略显黄绿色；紫穗槐浆呈紫色等。人们可通过蜂王浆所呈颜色，来区分是什么蜜粉源花期生产的蜂王浆。

三、根据生产季节分类

按蜂王浆生产的季节进行分类，主要是将蜂王浆分为春浆、夏浆和秋浆，普遍认为春浆的质量比夏浆和秋浆好一些。所谓季节对蜂王浆质量、品种的影响，归根到底还是各季节蜜粉源植物对王浆质量的影响所致。

四、根据蜂种分类

根据产浆蜂种的不同，将蜂王浆分为中蜂浆和西蜂浆，前者产自中华蜜蜂，后者产自意蜂、喀蜂等西方蜜蜂。同西蜂浆相比，中蜂浆外观上更为黏稠，呈淡黄色，其中特征物质10-羟基-△2-癸烯酸（10-HDA，又称王浆酸）产量远远低于西蜂浆。目前市场上出售的，绝大部分是西方蜜蜂所产的蜂王浆。

五、南北浆及春秋浆的区别

南北浆、春秋浆是一般消费者通俗的、不规范的说法和理解，南北浆、春秋浆都有质量的差别，没有绝对的好与不好。通常说的春浆指的是南方的油菜浆，有些商家声称春浆是好浆，价格也比其他王浆高。但实际上由于品种、产量及生产期的蜜粉源状况的不同，即便是所谓的春浆，质量也有差别。一般是产蜜蜂种和单产量低的蜜蜂生产的蜂王浆质量较好，科学的方法是使用高效液相色谱仪实际检测 10-HDA 的含量，并根据 10-HDA 的含量对蜂王浆产品进行分级。

第三节 蜂王浆的物理性质

一、蜂王浆的颜色

新鲜蜂王浆呈乳白色或淡黄色，只有个别的品种呈微红色。一般来说蜂王浆的颜色与产浆期蜜源植物的花粉颜色有关，蜜蜂采集花粉颜色深的植物产出蜂王浆的颜色较深，如荞麦、桉树等；蜜蜂采集花粉颜色浅的植物产出蜂王浆的颜色较浅。另外，蜂王浆的颜色与新鲜程度有关，鲜蜂王浆的颜色较浅，放置时间长了颜色则会变深一些。

蜂王浆颜色的深浅，主要取决于蜜粉源及王浆新鲜程度和质量优劣。即产浆期蜜粉源植物的花粉色深；移虫后取浆时间较长，或存放方法不当引起变质，以及掺有伪品的蜂王浆颜色变深，反之则淡；蜂王浆贮存时间过长，以及加工方法不当造成污染，也可使蜂王浆颜色加深。

二、蜂王浆的形状

新鲜蜂王浆为黏稠的液体，半透明，半流体，有朵块形花纹，有光泽，手感细腻，微黏，无气泡。经过除杂、均质等加工的蜂王浆，朵块形花纹消失，呈细腻的乳浆状。

三、蜂王浆的味道

蜂王浆有酸、辣、涩、甜等多种味道。入口，有较重的酸、涩味道，有明显的辣嗓子的感觉，这也是蜂王浆的标志性口感，回味时感觉微甜，并有特殊香气。

第四节　蜂王浆的化学性质

一、蜂王浆的理化性质

蜂王浆部分溶解于水，在水中可形成悬浊液；部分溶解于高浓度乙醇（酒精）中，并产生白色沉淀，放置一段时间后分层；蜂王浆可溶解于浓盐酸或氢氧化钠中，不溶于氯仿；蜂王浆的相对密度约为1.08，略大于水，但低于蜂蜜，呈酸性，pH值3.5~4.5，酸度每100克在53毫升以下，折光率1.3793~1.3997。遇光、热、空气或置室温中均易变质并产生强烈臭气。

二、蜂王浆的"七怕"特性

蜂王浆有七怕：一怕空气（氧气），蜂王浆在常温条件下有很强的吸氧性，容易发生氧化；二怕热，高温会破坏蜂王浆的有效成分；三怕光线，光线就如同催化剂，使蜂王浆中的醛、酮物质分解；四怕细菌污染，蜂王浆在常温下很容易受到细菌污染，放置15~30天，颜色变成黄褐色，而且腐败，散发出强烈的恶臭味，并有气泡产生；五怕金属，蜂王浆有一定酸性，会与金属发生反应；六怕酸；七怕碱，酸、碱都会破坏蜂王浆的营养成分。蜂王浆的"七怕"特性，在其贮存、加工、包装、携带和消费等过程中都必须注意。

第五节　蜂王浆史话

一、蜂王浆创造奇迹

据古埃及历史记载，女王克里奥佩特拉用蜂王浆来帮助她保持健康和美丽，在当时她一直被称为最美丽动人的女子，连她手下的女仆都得发誓对女王的美容秘诀保密。如果谁泄露了这个秘密，就会受到严厉的惩罚。

蜂王浆的研究已有 100 多年的历史，蜂王浆的神奇效果，是加拿大一位养蜂专家无意中发现的。20 世纪 20 年代，他在检查蜂箱中 4 个王台时，顺手摘除了 3 个，不料被母鸡啄食。结果这只母鸡第二天便产下了一只异乎寻常的大鸡蛋，从而引起了科学家的注意。

法国养蜂专家弗郎赛·德贝尔伟费从 1933 年起，对蜂王浆作了多年研究，发现蜂王浆有"返老还童"作用，于是他研制了蜂王浆药剂出售。1953 年，德国学者卡尔斯路最先发现蜂王浆的奇特功能。他认为："蜂王浆对老年人的内分泌功能紊乱极具功效。"

特别是 1954 年，82 岁的罗马教皇皮奥十二世得了糖尿病、哮喘、心脏病，卧床几个月，所有的医疗手段都用了，教皇的病不但不见好转，反而越来越重，进入了病危状态。教皇的主治医生加里亚基里（音译）决定用神奇的蜂王浆疗法，每天给教皇服用大量的蜂王浆。教皇从第二天起开始有精神了，慢慢地能够吃少量食物，也能够睡几个小时了。三个月后，竟奇迹般地恢复了健康，重新走上了神职的岗位。蜂王浆将他从哮喘恶化、极度瘦弱和衰竭的状态中解救出来，使他奇迹般地转危为安，并以惊人的速度恢复了健康。1956 年，世界养蜂大会在维也纳召开，教皇亲自现身说法，述说蜂王浆使他起死回生的经过，把蜂王浆称为"上帝赐予人类的神奇物质"。从此，世界上掀起了王浆医学热潮。

二、蜂王浆应用趣闻

1989 年，由中国、法国、美国、苏联、英国、日本等国家组成的国际考察队首次徒步横穿南极。南极地区气候极其恶劣，整个大陆被冰雪覆盖，最冷的地区气温在-80～-60℃，风速最高时可达 41 米/秒。

在大风大雪的侵袭下，不仅要滑雪前进，还要进行各项科学考察，队员体力消耗极大。从探险一开始，中国探险队员就坚持每天喝蜂王浆。对此，其他国家的科学家并不在意，唯独日本科学家深信不疑，与中国队员一起服用。

气候变得更加恶劣，体力消耗不断增加，但中国和日本的科学家仍然精神抖擞，体力充沛，他们的出色表现引起了其他队员的注意，于是他们也学着喝了起来，并且都感到对增强体力、消除疲劳、促进睡眠大有好处。

考察结束后，队长让·路易·艾蒂安有感而发："探险中，我感触最深的是，每当我们到达新的食品补给点，大家都首先看看那里有没有蜂王浆。"队员杰夫说："在南极，我们不能把冰雪带回，就特地将两支蜂王浆瓶子带回来，作为永久的纪念。"后续：1989 年，来自中国、法国、美国、苏联、英国、日本 6 国的队员组成了一支国际横穿南极大陆考察队，队员们唯一的营养补充剂就是蜂王浆。据唐士芬、贾晓慧在《科技日报》上发表的《南极归来赞"王浆"》一文报道称，在南极探险征途中，王浆产品作为考察队重要的营养补充剂，深受队员欢迎。

养蜂专家曾青霜老先生曾有过这样有趣的经历：一天他取了 30 克蜂王浆，邀几位朋友品尝，但友人因故失约，他便独自将蜂王浆全部吃下。约 1小时后，他昏昏欲睡。

回到家中他立即倒床大睡，一觉醒来，精神抖擞，全身畅快。其妻告之，他竟已整整睡了 24 个小时。曾老先生感叹道："蜂王浆催眠真奇效也!"

后来，他建议一患严重失眠症的亲友服用蜂王浆，开始每天服用 5 克，无效；增至 15 克，渐能入睡，但睡眠不深；再增至 20 克，睡眠良好，睡眠

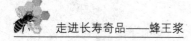

质量有了很大提高。现在，曾老先生依靠此法帮助多个失眠和神经衰弱者改善了病情。

健康长寿，为古今中外的人所向往；祛病延年，吸引着无数人探究。自20世纪抗生素问世以来，人工合成化学药品在防治人类疾病方面取得了巨大的成功。但是，随着化学药品的广泛使用，给人们健康带来的副作用及危害也相当严重。因此，回归自然，从自然界寻求祛病延年的方法，便成为当今世界医学家的着眼点和医学的发展方向。蜂王浆是一种被公认的备受青睐的高级营养滋补品和具有增强人体免疫力、祛病延年作用的天然保健食品。

第二章

蜂王浆的成分及质量鉴别

第一节　蜂王浆的理化指标

从 1852 年首次对蜂王浆的化学组成进行分析以来，人们发现蜂王浆是一种十分复杂的天然产品，它几乎含有所有的对人体和动物机体具有营养价值的成分，如蛋白质、氨基酸、脂肪酸、糖类、维生素、微量元素和核酸等。其组分因产地、蜜源、气候、蜂种和取浆的时间不同而存在一定的差异。

一、蜂王浆的组分

蜂王浆的化学成分非常复杂，一般含水分 62.5%~70%、蛋白质 11%~14%、总糖 14%~17%、脂类 4%~6%、灰分 1.5% 以及未确定物质 2.84%~3%，此外还含有丰富的维生素、微量元素和酶类。

二、蜂王浆的理化要求（表 2-1、表 2-2）

表 2-1　蜂王浆国标 GB 9697—2008 要求

指标	优等品	合格品
水分（g/100g）≤	67.5	69
10-羟基-2-癸烯酸≥	1.8	1.4
蛋白质（%）	11~16	

（续表）

指标	优等品	合格品
总糖（以葡萄糖计）（%）≤	15	
灰分（%）≤	1.5	
酸度（1mol/L NaOH）（mL/100g）	30~53	
淀粉	不得检出	

表 2-2 蜂王浆农业行业标准 NY 5135—2002 要求

指标	蜂王浆
水分/（g/100g）≤	70
10-羟基-2-癸烯酸≥	1.4
蛋白质/%≥	11
总糖（以葡萄糖计）/%≤	15
灰分/%≤	1.5
酸度（1mol/L NaOH）（mL/100g）	30~53
淀粉	不得检出
菌落总数（cfu/g）≤	1 000
大肠菌数（MPN/100g）≤	90
霉菌（cfu/g）≤	50
酵母（cfu/g）≤	50
致病菌（系指肠道致病菌或致病性球菌）	不得检出
砷（以 As 计）（mg/kg）≤	50
铅（以 Pb 计）（mg/kg）≤	50

第二节 蜂王浆中的蛋白质和氨基酸

一、蜂王浆中的蛋白质

蜂王浆中以蛋白质含量最多，其中清蛋白约占 2/3，球蛋白约占 1/3，这和人体血液中清蛋白和球蛋白的比例大致相同，极易被人体吸收。

当今，鉴定蜂王浆中的功能蛋白是世界蜜蜂研究领域共同关注的热点。2012 年日本东京大学利用蛋白质组学在蜂王浆中发现 9 种新蛋白。2017 年，中国农业科学院蜜蜂研究所李建科教授研究团队通过对蜂王浆蛋白组和糖蛋白组研究，在蜂王浆中发现了 13 种新蛋白和 25 种糖基化修饰蛋白（糖蛋白），新发现的 13 种新蛋白主要与保健功能相关，糖蛋白则是在蛋白质的侧链上加上糖链，进而对蛋白质发挥功能具有至关重要的作用，如细胞黏附、细胞生长和分化、免疫等。该研究团队利用糖蛋白组学的研究方法，在蜂王浆 25 种蛋白中鉴定到 53 个糖基化位点，其中 42 个位点为首次报道，是目前全球鉴定蜂王浆糖基化位点最多的团队。这些研究成果为深入系统地揭示蜂王浆蛋白功能迈出了重要一步，也为通过糖基因工程技术生产具有生物活性和功能成分的蛋白产品提供了理论基础。

二、蜂王浆中的氨基酸种类及含量

氨基酸是构成蛋白质的基本成分，在人体中具有重要的生理功能，尤其是必需氨基酸，在人体内有极其重要的生理和营养意义，也是食品营养价值评定的重要指标之一。研究表明，蜂王浆中的氨基酸含量十分丰富、组成合理，营养成分齐全，必需氨基酸和非必需氨基酸比例适宜，是一种天然营养的健康食品。

据分析，新鲜蜂王浆中天门冬氨酸含量为 0.23%、丝氨酸 0.02%、谷氨酸 0.34%、甘氨酸 0.023%、丙氨酸 0.02%、异亮氨酸 0.03%、亮氨酸 0.02%、酪氨酸 0.023%、赖氨酸 0.008%、组氨酸 0.2%、精氨酸 0.03%、脯氨酸 0.34%、甘氨酸 0.023%、胱氨酸 0.004%，所含 14 种氨基酸总量为 1.318%，加之所含其他种类，其总量还要高得多。

天冬氨酸又称天门冬氨酸，是一种 α-氨基酸，天冬氨酸的 L-异构物是 20 种蛋白氨基酸之一，即蛋白质的构造单位。它是生物体内赖氨酸、苏氨酸、异亮氨酸、蛋氨酸等氨基酸及嘌呤、嘧啶碱基的合成前体。它可作为 K^+、Mg^{2+} 离子的载体向心肌输送电解质，从而改善心肌收缩功能，同时降低氧消耗，在冠状动脉循环障碍缺氧时，对心肌有保护作用。它参与鸟氨酸循环，促进氧和二氧化碳生成尿素，降低血液中氮和二氧化碳的量，增强肝脏功能，消除疲劳。

谷氨酸是生物机体内氮代谢的基本氨基酸之一，在代谢上具有重要意义。谷氨酸是中枢神经系统主要的兴奋性神经递质，在脑缺血造成的神经元损伤过程中发挥重要作用。脑缺血时多种机制参与了谷氨酸释放的调节，如钙离子依赖性的出胞式释放、谷氨酸转运体调节的释放、水肿诱发的释放和受体调节的释放等。谷氨酸作为神经中枢及大脑皮质的补剂，对于治疗脑震荡或神经损伤、癫痫以及对弱智儿童均有一定疗效。

脯氨酸是身体生产胶原蛋白和软骨所需的氨基酸。脯氨酸的作用包括帮助人体分解蛋白质，用于创造体内健康细胞。它对维持皮肤和结缔组织健康成长非常重要（特别是组织创伤部位）。脯氨酸和赖氨酸都是生产羟脯氨酸和羟赖氨酸所需要的，这两种氨基酸构建胶原蛋白。胶原有助于愈合软骨，并给关节和脊椎提供缓冲，可作为各种软组织疾病的药物，如结缔组织受损、风湿性关节炎等，又可加快伤口愈合，以及治疗各种皮肤疾病。

亮氨酸是哺乳动物的必需氨基酸和生酮生糖氨基酸，研究发现，亮氨酸是骨骼肌与心肌唯一可调节蛋白质周转的氨基酸，可以促进骨骼肌蛋白质的合成，在调节氨基酸与蛋白质代谢方面起重要作用。另外也有研究表明，亮氨酸可以通过促进胰岛素和胰高血糖素样肽-1（GLP-1）分泌来降低血糖。

赖氨酸能促进人体发育、增强免疫功能，并有提高中枢神经组织功能的作用。赖氨酸在体内参与体蛋白如骨骼肌酶和多肽激素的合成；是生酮氨基酸之一，当缺乏可利用的碳水化合物时，可参与生成酮体和葡萄糖的代谢（在禁食情况下，是重要的能量来源之一）；维持体内酸碱平衡；作为合成肉毒碱的前体物，参与脂肪代谢。另外，赖氨酸还可以提高机体抵抗应激的能力。所检测的不同蜂王浆样品中含有的氨基酸的种类相同，并且在含量上差异也不是很明显，说明蜂王浆产品氨基酸组成稳定且相似，其生理功能也相似。

第三节 蜂王浆中的王浆酸 (10-HDA)

一、来源

王浆酸的学名称为 10-羟基-2-癸烯酸 (10-HDA), 因目前尚未在自然界除蜂王浆之外的其他物质中发现此化合物, 故该物质通常又被称为王浆酸。

德国科学家 D. J. 朗格 1921 年首次在工蜂上额腺中发现 10-HAD, 被日本学者佐藤道夫 1982 年证实。刚出房的工蜂上颚腺中 10-HDA 含量极微, 随着日龄的增加, 含量有增加的趋势, 15~20 日龄哺育蜂的上颚腺中含量最高, 20 日龄以后开始有降低的趋势, 10-HDA 含量的增加与青年哺育蜂分泌蜂王浆有关, 在蜂群大繁殖期含量极高, 而外勤蜂上颚腺中的 10-HDA 含量则极低。

二、性质

10-HDA 是王浆中很重要的一种脂肪酸, 占总脂肪酸的 50%, 在王浆中的含量也相对恒定, 为 1.4%~3%。常温时为白色晶体, 性质稳定, 在室温或高温下长时间存放时, 结构不会被破坏或完全消失。易溶于甲醇、乙醇、氯仿、乙醚, 微溶于丙酮, 难溶于水, 熔点为 64℃。可以比较容易地从蜂王浆中将其分离出来, 也可进行人工合成。

大多数研究表明, 10-HDA 具有重要的生理功能, 而且在自然界中为蜂王浆所特有, 所以一直以来被作为衡量蜂王浆质量及辨别其真伪的重要指标。但是, 1981 年日本琦玉养蜂株式会社的技术人员通过试验发现, 在蜂王浆已全部炭化的高温条件下, 王浆酸的残余率竟高达 90% 以上, 这个事实证明了王浆酸很稳定, 也让人们对 10-HDA 能否作为蜂王浆的质量指标开始产生怀疑。相关试验证明, 无论贮藏条件如何, 即使蜂王浆已经变质，其中的 10-HDA 含量都不会改变，显然，它不适合作为蜂王浆品质的敏感指标，另外，虽然 10-HDA 为蜂王浆所特有，但是也可以通过很多方法进行人工合成，所以把 10-HDA 作为衡量蜂王浆品质优劣及是否掺假的特征指标是不恰当的。

但目前世界上很多国家仍将 10-HDA 作为蜂王浆的主要质量指标，尤其在出口方面，往往以其含量高低作为蜂王浆优劣和定价的关键。建立和改进蜂王浆中 10-HDA 含量的测定方法一直是研究内容之一。

三、蜂王浆中 10-HDA 的生理活性

10-HDA 有多种生理活性，它具有抗菌、灭菌、强壮机体和强烈抑制淋巴癌、乳腺癌等多种癌细胞的作用。还有增强机体免疫功能，防治脱发，并用作化妆品的增效剂，还用作治疗急性辐射损伤和化学物质所致损伤。因此，10-HDA 及其制品是老年人、癌症患者以及化学工作者的最佳补品。

1. 抗癌、抗肿瘤

我国戴静芝等科学家于 1958 年经过实验表明，10-HAD 具有明显抑制肿瘤细胞生长的作用，并能促进吞噬细胞的吞噬功能。黄强等经动物实验研究，结果提示 10-HDA 有明显的抗肿瘤作用，并可提高骨髓增殖能力。如预先将 1 毫升腹水癌细胞悬浮液与 10-HDA 混合后再给小鼠接种，则可使小鼠得到完全保护，无一发生肿瘤；但两者剂量减少时，只能延长移植肿瘤小鼠的生存时间，而不能使其免于死亡。证明 10-HDA 为高生物活性物质，可通过刺激环状-腺磷苷的合成，使蛋白质螺旋结构和氨基酸序列正常化，从而使受肿瘤破坏的结构正常化，因而对癌细胞有抑制作用，可延长患癌动物的生存期。此外，10-HDA 是 α-不饱和脂肪酸，它的酸化特性对肿瘤也可起到缓冲作用。

2. 抗辐射作用

10-HDA 抗急性辐射损伤的实验是用三组小白鼠，分为预防组、治疗组和对照组，分别在照射前服用 10-HAD，照射后服用 10-HDA 及不服 10-HDA，三组饲养条件相同，用钴 60 的 γ 射线对小鼠作全身一次性照射，观

察小鼠30天存活情况。结果发现，预防组可提高存活率44.5%，治疗组可提高33.4%，并都延长死亡小鼠的平均寿命。分析受照射小鼠肝、脾、肾的含氮量表明，小鼠受照后核糖核酸（RNA）和脱氧核糖核酸（DNA）的含量明显降低，而服用10-HDA后，上述各重要物质含量明显提高。由此可知，10-HDA能保护和恢复生命的核心物质，并对机体组织的含氮量、RNA和DNA有保护和恢复的作用，所以它能对急性辐射损伤起防治作用，从而使照射动物的死亡率降低。

　　此外，10-HDA还能完全拮抗可的松对鼠炭粒廓清速率的抑制作用，并可拮抗环磷酰胺对小鼠皮肤迟发性超敏反应的抑制作用，可促进环磷酰胺所致免疫功能，抑制小鼠溶血素的形成，而对正常小鼠的上述免疫功能无明显影响。它能升高白细胞的含量及降低血浆中甘油三酯含量并提高游离脂肪酸含量。10-HDA与百里醌或者含有百里醌的植物产物结合用来治疗艾滋病和其他免疫缺乏疾病的药物已经被发明。遗传毒理学和药理学研究结果表明，10-HDA能促进骨髓细胞分裂，促进人体外周血淋巴细胞脱氧核糖核酸（DNA）合成，促进被植物血凝素（PHA）激活的淋巴细胞的转化作用，增强免疫力。10-HDA还能广泛应用于发酵食品与发酵饮料中，增加营养保健功能。

第四节　蜂王浆中的维生素、有机酸及脂类

一、蜂王浆中的维生素

　　蜂王浆中维生素含量大致如下（微克/克）：维生素 B_1，1.2~18；维生素 B_2，6~28；维生素 B_6，2.2~50；烟酸，48~125；泛酸，110~320；肌醇，78~150；叶酸，0.16~0.5；生物素，1.6~4.1。蜂王浆中乙酰胆碱的含量相当高，每克蜂王浆中含量达1毫克之多，从而对蜂王浆的使用价值产生重要作用。蜂王浆与蜂花粉、蜂蜜及牛奶的维生素含量和种类有较大

差别，主要品种和含量比牛奶高出数十倍。

二、蜂王浆中的有机酸

据科学家分析报道，每100克蜂王浆干物质中含有脂肪酸8~12克。其中，10-烃基-△2-癸烯酸35%、10-烃基癸烯酸15%、△2-癸烯酸3%、皮脂酸15%、软脂酸5%、油酸5%。科学家利用层析方法又在蜂王浆中发现其他一些脂肪酸，例如，癸二酸、己二酸、庚二酸、辛二酸、水溶性葡萄糖酸、3-烃基癸烯酸、廿烷酸等。科学家经气液层析技术证明，蜂王浆中至少含有26种游离脂肪酸，例如壬酸、癸酸、十一烷酸、十二烷酸、十三烷酸、十四烷酸（肉豆蔻酸）、9-十四烷酸（肉豆蔻脑酸）、十六烷酸（棕榈酸）、棕榈油酸、亚油酸、花生酸、酯化脂肪酸等。

三、蜂王浆中的脂类

蜂王浆干品中脂类约为12%，其中有脂肪酸（占90%）和中性类脂（占10%，包括甘油酯10%、苯酚类40%、蜡类35%、磷脂0.4%~0.8%、甾醇3%~4%等）。

第五节　蜂王浆中的激素

一、蜂王浆中的激素种类及含量

蜂王浆含有一类生物活性物质，这就是痕量的类固醇激素类物质，主要包括有17-酮类固醇、17-羟固醇、肾上腺素、去甲肾上腺素等，其次还有性激素、促性激素、雌二醇和睾酮、孕酮等。经测定，每克鲜王浆中含有去甲肾上腺素11.8微克、肾上腺素2.0微克、17-酮类固醇10微克、17-羟固醇41微克、氢化考的松90微克。

早在20世纪80年代，北京市农林科学院曹均等采用放射性免疫分析法测定每 100 克鲜蜂王浆中含雌二醇 416.7 纳克，睾酮 108.2 纳克，孕酮 116.7 纳克。2000 年北京市卫生防疫站郭子侠、涂晓明等在对动物性保健食品性激素含量调查的同时，对市场销售的一般性动物性食品中的性激素也进行了检测。结果发现牛肉、猪肉、羊肉、鸡肉、鸡蛋、牛奶等 7 类 17 件样品中 5 种性激素均有检出，但检出率不同，各种性激素的含量也不同（表 2-3）。2002 年南京师范大学生命科学院用 RIA 法测定 7 个批次的老山蜂王浆冻干粉中性激素含量，结果每 100 克样品中含雌二醇 43.7~67.5 纳克，睾酮 33~110 纳克，孕酮 260~560 纳克。2010 年 6 月蜂乃宝本铺（南京）保健食品有限公司委托国家兴奋剂及运动营养测试研究中心，依据 YYB-104-FD 2009 检测方法，测定蜂王浆和鸡蛋中的性激素，检测下限为 100 纳克/克，检测结果蜂王浆中未检出孕酮、雌酮、雌二醇、雌三醇、己烯雌酚、睾丸酮、甲基睾丸酮 7 种性激素，而鸡蛋中被检出孕酮。表明蜂王浆中性激素含量明显低于一般动物性食品性激素含量 100 纳克/克的检测下限标准，只能称其为"痕量"。

表 2-3　17 件一般动物性食品激素含量

性激素	检出件数	检出率（%）	检出范围（mg/kg）
睾酮	4	23.53	0.020~0.150
孕酮	1	5.88	0.650
雌二醇	7	41.18	0.038~1.67
雌三醇	15	88.24	0.009~2.950
雌酮	4	23.53	0.140~1.370

注：雌激素检出量较高的为牛、羊肉，孕酮为羊肉，睾酮为牛奶

由表 2-3 结果可知，牛、羊肉雌二醇含量为 0.038~1.67 毫克/千克（等于 38~1670 纳克/克），是蜂王浆雌二醇含量的 10~400 倍；羊肉孕酮含量 0.650 毫克/千克（650 纳克/克），是蜂王浆孕酮含量的 500 多倍；牛奶睾酮含量 0.020~0.150 毫克/千克（20~150 纳克/克），是蜂王浆睾酮含量的 20~150 倍。JECFA 曾提出雌二醇、孕酮、睾酮在牛肉中的最高残留限量（MRLs），联合国 FAO/WHO 兽药残留法典委员会曾在 3 次全体会议上进行讨论，最后认为使用这些兽药时若遵守良好操作规范，其残留并非是健康

关注点，没有必要制订最大残留限量（MRLs）。

由此可见，蜂王浆和牛奶、鸡蛋等动物性食品一样，含有正常合理的性激素，其含量是远远低于后者的"痕量"。内源性性激素是动物性食品的天然成分，与人体血液和相应组织中有性激素存在是一个道理。

二、蜂王浆中的激素对人体作用

蜂王浆中含有调节生理机能和物质代谢、激活和抑制机体引起某些器官生理变化的激素，从而使蜂王浆应用于治疗风湿病、神经功能症、更年期综合征、性功能失调、不孕症、前列腺癌、乳腺癌、延缓衰老等。由于蜂王浆中激素的种类和含量合理，配比科学，相互间是协调、平衡和统一的，加之食用量比较恒定，不足以引起机体产生副作用和失调现象，食用者不必有任何顾虑。

有资料报道，在动物试验中，给雌性小白鼠注射蜂王浆，21 天后可见到小鼠卵泡成熟；给小鼠皮下注射蜂王浆提取液，5 日后能使未成熟的雌鼠卵巢重量增加；对雄性大鼠切除睾丸后，可见精囊重量增加；蜂王浆可使果蝇产卵量增加一倍；给母鸡饲喂蜂王浆，产蛋量可增加 2 倍，还可使失去产蛋能力的老母鸡重新产蛋。

此外，在临床应用上，蜂王浆对缓解更年期综合征、改善性功能、治疗不孕症等方面具有独特的疗效。埃及索哈格大学的研究表明，王浆蜂蜜合剂能提高受孕率，治疗男性不育。需要特别说明的是，关于蜂王浆是否会引起儿童性早熟的问题，有学者认为蜂王浆中"痕量"的性激素，远远低于产生生理活性的作用剂量，不可能致使内分泌失调而造成性早熟。

第六节 蜂王浆中的其他活性成分

一、蜂王浆中的酶类

蜂王浆含有丰富的酶类，其中主要有异性胆碱酯酶、抗坏血酸氧化酶、酸性磷酸酶、碱性磷酸酶，此外，还含有脂肪酶、淀粉酶、醛缩酶、转氨酶、葡萄糖氧化酶等重要酶类。

二、蜂王浆中的磷酸化合物

每克蜂王浆中含有磷酸化合物 2~7 毫克，其中 1/3 主要组成是能量代谢不可缺少的三磷酸腺苷（ATP）。ATP 是能量的源泉，人们食用蜂王浆能增长力气，举重运动员食用蜂王浆后之所以能大大提高举重量，主要是因为它的作用。ATP 对加强调节机体代谢，提高身体素质，防治动脉硬化、心绞痛、心肌梗死、肝脏病、胃功能低下、神经疲劳、湿疹等病症都有显著的作用或较好的补益。此外，ATP 还有改善虚弱体质的作用。

三、蜂王浆中的矿物质

蜂王浆含有矿物质种类相当多，每 100 克蜂王浆干物质中含有矿物质 0.9 克以上，有的高达 3 克。其中钾 650 毫克、钠 130 毫克、钙 30 毫克、镁 85 毫克、铜 2 毫克、铁 7 毫克、锌 6 毫克，还有锰、钴、镍、铬、硒等微量元素。

四、蜂王浆中的糖类

蜂王浆中含有一定的糖类物质，干物质中含有 20%~39% 的糖，其中主要是果糖，占含糖总量的 52%，葡萄糖占 45%、麦芽糖占 1%、龙胆二糖占 1%、蔗糖占 1%。

第七节　蜂王浆成分的影响因素

蜂王浆中各种成分含量的变化，在不同条件下是比较明显的。影响蜂王浆各种成分含量的主要因素有以下几个方面：工蜂的日龄；幼虫的日龄；蜜蜂的食物；蜜蜂的群势；季节、地区和蜜粉源。

一、吐浆工蜂的日龄

泌浆工蜂的日龄对蜂王浆理化性质影响很大。研究证明，3~18日龄工蜂所分泌的蜂王浆为白色，pH值为4，含有茚三酮反应阳性物质及少量糖；而18~23日龄工蜂分泌的蜂王浆则较澄明，pH值4.5，同样含有茚三酮反应阳性物质，含糖较多。

二、蜜蜂的食物

蜜蜂食用不同的食物对所产蜂王浆的成分有一定影响。实验证明，蜜蜂食用天然蜂蜜、花粉和食用人工混合食料（黄豆面、干酵母、奶粉、鸡蛋粉等），所产蜂王浆的成分区别较大，食用天然蜂蜜、花粉生产的蜂王浆明显比食用人工合成食物的要好一些，不仅产量增加，其有效成分也有一定提高，食用性能也相应高得多。

第八节　蜂王浆的理化检验

一、蜂王浆质量优劣的理化鉴别

可以通过以下六种理化方法对蜂王浆质量进行鉴别。

一是测定pH值，一般应为3.4~4.8（不在此范围内，即为假冒伪劣产品）。

二是用快速水分测定法测定水分含量，一般不超过70%（检查是否掺水）。

三是用点燃的火柴接近蜂王浆，应无迅速熔化的黄褐色颗粒（检查是否含有蜡质）。

四是用蘸有碘试液的小玻璃棒划过涂有少量蜂王浆的白瓷板上，划痕处不得显蓝色、绿色或红褐色（检查是否掺有淀粉）。

五是取蜂王浆少许，置试管中，用少量蒸馏水稀释搅匀，加斐林试液数滴，水浴上微沸 1~2 分钟，取出观察，不得变红或红棕色（检查是否掺有蜂蜜）。

六是有条件的话，通过高效液相色谱仪（HPLC），检测 10-羟基-△2-癸烯酸（10-HDA），其含量不低于 1.4%（检查是否人为过滤掉王浆酸）。

二、蜂王浆中水分高低的鉴别

新鲜蜂王浆的稀稠度比较正常，特别稀的含水量过高，特别稠的浆质过老，均不符合质量标准。检查的方法是，用消毒的玻璃棒，插入盛蜂王浆的容器底部，轻轻搅动后向上提起，观察玻璃棒上黏附蜂王浆的数量。如果数量多，向下流动慢，表明稠度大，含水分少；黏附的数量少，向下流动快，表明浆稀，水分含量高。如有浆、水分层现象，则表明蜂王浆中掺有水。

三、蜂王浆中掺入牛奶的鉴别

蜂王浆中掺入牛奶后，朵块不明显，呈混浊状，有奶腥味。

检验方法一：取待检样品 0.5 克于试管中，加蒸馏水 10 毫升，搅拌均匀，煮沸冷却后，加入 1 克食盐，若出现类似豆浆一样的絮状物，即证明掺有牛奶。

检验方法二：取试管 1 支，装入 0.5% 的氢氧化钠溶液 10 毫升，在酒精灯上加热煮沸，离火，加入蜂王浆 0.5 克，搅拌均匀，色渐转淡薄清澈者为纯正；若出现云雾状并逐渐扩散沉淀，其颜色先是混浊后转微黄，不清澈，即证明掺有牛奶。

四、蜂王浆中掺入淀粉或糊精的检验

凡掺有淀粉或糊精的蜂王浆，外观似搅拌过，手捻有细小颗粒感，浆色淡白，光泽差，朵状不明显，有的成条状，味淡或略甜，pH 值下降。

检验方法一：取待检蜂王浆 0.5 克于试管内，加蒸馏水 5 毫升充分搅拌，纯正蜂王浆溶液混浊，乳白色，管壁无颗粒；如掺有淀粉或糊精，则管壁黏附许多类似豆渣一样的颗粒。

检验方法二：取待检蜂王浆 0.5 克于试管内，加蒸馏水 10 毫升充分搅拌，煮沸冷却后加碘酒 0.5 毫升，若出现蓝色或黑色即为掺有淀粉或糊精。

五、蜂王浆中掺有滑石粉的检测

凡掺有滑石粉的蜂王浆色淡苍白，相对密度增大，取 1 克待检蜂王浆溶解在 10 毫升 1%氢氧化钠溶液中，摇匀静置后，即出现白色沉淀物。

第九节　蜂王浆质量的感官鉴别

可通过蜂王浆的颜色、状态、气味、口感等感官指标对其质量进行鉴别。

一、目测

在光线充足的白色背景下，用清洁的器具取出蜂王浆，观察其颜色、状态及有无气泡、杂质和发霉变质。正常情况下，新鲜优质的蜂王浆应为乳白色或淡黄色，而且颜色应均匀一致，有明显的光泽感。由于受蜜源植物花种、取浆时间等方面的影响，个别的也有呈微红色，并非变质。蜂王浆常温下放置过久或已经变质，颜色就会加深变红，无光泽；蜂王浆中掺入奶粉、淀粉类物质或滑石粉等，一般颜色苍白，光泽差；掺有糊精或合成糯糊的蜂王浆则呈灰色、蓝灰色，无光泽，无新鲜感。

新鲜蜂王浆呈微黏稠乳胶状，为半流体，外观酷似奶油。手工采收的蜂王浆呈朵块花纹，机械采收、过滤后或贮存过久的，朵块花纹消失或不明显。如果有浆水分层现象，则说明蜂王浆中掺水或已经开始变质；如果蜂王浆过稠，可能掺有糊精、奶粉等物质，说明是假的。新鲜蜂王浆无气泡，如果发现蜂王浆表面产生气泡，有两种可能：一种是倒浆时产生的，这种气泡较大、量小、弄破后消失；另一种是发酵产生的，这种气泡小、量多，严重时还会从瓶盖上溢出来。纯净蜂王浆应无幼虫、蜡屑等杂质，在蜂王浆表面及瓶外盖与内盖之间等处无霉菌，瓶内外清洁卫生。

二、鼻嗅

新鲜蜂王浆有浓郁而纯正的芳香气味，略带花蜜香和辛辣气。受蜜源植物花种的影响，不同品种的蜂王浆气味略有不同，不过差别不大。高质量的蜂王浆，气味纯正，无腐败、发酵、发臭等异味。如发现蜂王浆有牛奶味、蜜糖味或腐败变酸等其他刺激性气味，证明已经变质。

三、口尝

取少许蜂王浆放于舌尖上，细细品味，新鲜蜂王浆应有酸、涩、辛辣、甜等多种味道。味感应先酸，后缓缓感到涩，还有一种辛辣味，回味无穷，最后略带有一点不明显的甜味。酸、涩、辛辣味越明显，蜂王浆的质量就越好；若酸、涩和辛辣味很淡，则说明蜂王浆的质量差或掺假；若一入口就有冲鼻、酸辣强烈味或尝到涩味并有点发苦，说明蜂王浆味道不纯正、不新鲜了；如果蜂王浆甜味明显，说明已掺入蜜糖等；酸感浓而刺舌的，可能掺有柠檬酸。

四、手捻

取少量蜂王浆用拇指和食指细细捻磨，新鲜蜂王浆应有细腻和黏滑的感觉。如手捻时有粗糙或硬沙粒感觉，说明掺有玉米面、淀粉等异物；冷冻的蜂王浆，由于蜂王浆中的重要成分王浆酸易结晶析出，所以手捻时感到有细小的结晶粒，但能捻化结晶体。手捻对黏度感觉比较小，黏感过大是不正常的。

第三章

蜂王浆的生理活性

第一节 《中华本草》中蜂王浆药理作用的记载

《中华本草》由上海科学技术出版社出版，蜂王浆编号为 8135，其在 9.216~218 中，明确蜂王浆有九大药理作用。

一、延缓衰老，促进生长

蜂王浆能延长果蝇、昆虫、小鼠、豚鼠及其他动物寿命，显著降低小鼠自然死亡率。蜂王浆还能加速小鼠、家兔等的生长发育；蜂王浆有促进组织再生能力，给机械夹伤或切断坐骨神经的大鼠饲喂蜂王浆，可使损伤初期病理变化减轻，切断的神经纤维再生加快，损伤神经的后肢反射活动恢复加快，蜂王浆还可使大鼠肾组织重量增加，再生活跃。

二、增强机体抵抗能力

蜂王浆 10 毫克/只给小鼠腹腔注射 10 日，对小鼠耐低压缺氧、耐高温能力有一定加强。

三、对内分泌系统的作用

蜂王浆提取物能使未成熟小鼠卵巢重量增加，卵泡成熟加快，且性成熟时间与蜂王浆剂量呈正比例关系，蜂王浆有促肾上腺皮质激素样作用。

四、降脂、降糖及其对新陈代谢方面的作用

100毫克/千克和200毫克/千克的蜂王浆给高胆固醇饮食家兔分别注射7周，显著降低血清胆固醇（TC）水平，但对血清磷脂、三酰甘油（TG）等无明显影响。

五、对心血管系统的作用

蜂王浆1∶10 000或20 000即对斯氏离体蛙心有显著抑制作用。犬、兔、猫等实验表明，0.1~1.0毫克/千克蜂王浆静脉注射可使血压迅速降低，持续约1分钟即恢复。蜂王浆对实验性动物肝硬化有一定防治作用。

六、对免疫功能的作用

蜂王浆500毫克/千克和10-羟基-△2-癸烯酸（10-HDA）50毫克/千克给小鼠灌服7天，明显增强小鼠腹腔巨噬细胞吞噬功能。

七、抗肿瘤及抗辐射作用

蜂王浆及10-HDA与小鼠AKR白血病细胞或其他三种腹水癌悬液混合后，给小鼠接种，明显延长小鼠存活时间。10-HDA在小鼠辐射前或后喂饲，均有抗辐射损伤作用。辐照前饲喂可使小鼠肝、肾、脾等组织含氮量提高。

八、抗病原微生物作用

蜂王浆对金黄色葡萄球菌、链球菌、变形杆菌、伤寒杆菌、星状发藓菌等有抗菌作用。低浓度仅可抑菌，高浓度则可杀菌。蜂王浆对结核杆菌、球虫、利什曼原虫、枯氏锥虫、短膜虫类也有抑制生长的作用。

九、其他作用

蜂王浆给予大鼠10天，发现0.5毫升/千克剂量可使血红蛋白升高。蜂王浆1:20 000的浓度能使离体兔肠有兴奋作用。

第二节 蜂王浆抗衰老和延年益寿的作用

一、蜂王浆延缓衰老和延年益寿的实验研究和案例

蜂王浆延缓衰老和延年益寿的作用是十分明显的。动物实验证明，经蜂王浆饲喂的不同昆虫，其寿命比未经蜂王浆饲喂的要延长几倍到十几倍。在现实生活中，长期坚持食用蜂王浆的老人，面色红润，精神矍铄，体力充沛。科学家们认为，人体在代谢过程中产生一种自由基，这种物质在体内积存会破坏机体，引起衰老。蜂王浆中含有过氧化物歧化酶（简称SOD），有保护机体不受自由基的损伤和清除体内自由基的作用，所以能延缓机体衰老。此外，蜂王浆中所含的球蛋白、泛酸、维生素 B_6 等物质，对于机体也有延缓衰老的作用。

华中农业大学著名昆虫学家李振纲教授，88岁高龄时开始坚持服用蜂王浆，服用两年后，早已满头银发、白眉白须的老人，后脑勺白发全部变黑，已秃顶处又生出黑发，眉毛胡须由白变成黑白相间，下巴上的胡须全部变黑，神奇地出现"返老还童"的变化。阿拉伯酋长穆罕默德118岁时告诉医生，他长寿的原因是因为坚持每天服用蜂王浆。

日本是世界上平均寿命最长的国家，其原因是多方面的。早在20世纪60年代初，蜂王浆就为日本消费者青睐，并成为当今世界上蜂王浆消费大国，在抗衰老和延长寿命方面也起到重要作用。正如玉川大学松香光夫教授所评价的："30多年来日本人的身高增加了，寿命延长了，也受益于蜂王浆。"此话一点也不夸张。因此有人称蜂王浆为长寿药并非言过其实。

二、蜂王浆延缓衰老和延年益寿的机理

蜂王浆延缓衰老和延年益寿的奥秘何在呢？据国外的研究，初步揭示了蜂王浆抗衰老使人延年益寿的奥秘，主要是以下几方面。

1. 清除自由基

人的衰老主要是体内自由基过多反应所致，蜂王浆中的 SOD、维生素 A、维生素 C、维生素 E 和微量元素硒、锌、铜、锰、镁是自由基清除剂。

2. 增强免疫力

人体免疫功能下降是导致衰老和死亡的重要原因，蜂王浆中的维生素 C、维生素 E、牛磺酸、王浆酸、核酸、活性酶、微量元素中硒、锌、铜、锰、镁能增强和调节机体免疫功能。

3. 调节内分泌

人体衰老过程与内分泌系统的调节功能有密切关系，蜂王浆有调节内分泌功能。

4. 抑制脂褐素

脂褐素积累增多，可引起细胞大量死亡，从而使机体衰老，蜂王浆中大量活性物质能激活酶系统，使脂褐素排出体外，从而起到抗衰老作用。

5. 核酸作用

核酸是人体最基本的生命源，没有核酸就没有生命，如人体内核酸含量不足，就会影响细胞分裂速度，使蛋白质合成缓慢，导致机体损伤，病变衰老，以致死亡，蜂王浆中有丰富的核酸。

6. 抗突变和抗肿瘤作用

生命的衰老可由遗传物质的突变而引起，一定的突变会使人体细胞功能发生变化，从而造成组织器官的功能衰退，使机体衰老。生活环境的污染可造成细胞遗传物质突变，进而发生肿瘤，蜂王浆中的王浆酸等高生物活性物质以及维生素 A、维生素 C、维生素 E 和硒等微量元素均有抗肿瘤

作用。

7. 防治老年多发病的作用

蜂王浆之所以能抗衰老和延年益寿主要是其所含大量活性物质，对老年人衰退的神经系统和内分泌系统有激活和补充的作用，使老年衰退的代谢和机能恢复并协调起来，改善了机体各部分组织细胞的营养，从而使器官的功能很快得到恢复，使老年人常见病、多发病得到治疗，病症消失。常服用蜂王浆的老年人很少生病，精神焕发，精力旺盛。

8. 营养均衡作用

营养均衡是维持人体健康最重要因素之一，而蜂王浆被营养界公认为"生命长寿的源泉"，正好有助于维持营养均衡，延缓衰老。

特别是蜂王浆抗衰老作用的研究和实践证明，蜂王浆中存在 SOD，服用后可以弥补人体中 SOD 的不足，抑制引起人体衰老的自由基的增加，从而起到抗衰老、延长寿命的作用。蜂王浆中的乙酰胆碱含量较高，1 克蜂王浆中含有 1 毫克乙酰胆碱，它能直接为神经细胞所吸收利用，可免于在体内重新合成的生化反应，因此服用蜂王浆能提高大脑的思维能力，增强记忆力，补充精力，防止老年痴呆症的发生。

日本厚生劳动省于 2019 年 7 月 30 日发布报告，2018 年日本男性平均寿命 81.25 岁，女性平均寿命 87.32 岁，在全球排名分别位列第三和第二（中国香港地区男性、女性人均寿命在全球位列第一，分别为 82.17 岁和 87.56 岁）[①]。而蜂王浆在日本的消费量，20 世纪 60 年代还不到 30 吨，80 年代就增加到 200 吨，1994 年已增加到 582 吨，我国蜂王浆的 50% 均销往日本，世界上寿命最长的国家也成为消费蜂王浆最多的国家。

研究发现，蜂王浆虽然不能预防骨质流失，但是能提高骨强度，同时对卵巢切除大鼠的骨代谢也有积极的影响。来自北京中医药大学的团队检测了新鲜的蜂王浆对 Wistar 大鼠血管舒张作用及相关机制，并检测了尾部血液循环和收缩压的变化。结果发现，蜂王浆中的某些神经受体如乙酰胆

---

① 资料来源：《新京报》，2019 年 7 月 31 日

碱能通过血管内皮生成一氧化氮（NO），诱导血管舒张，加快尾部血液循环。因此，新鲜蜂王浆能改善健康个体的外周循环功能。

日本学者通过建立一个具有遗传多样性的遗传异质性（HET）小鼠模型，研究了蜂王浆对小鼠衰老过程中运动功能的影响。他们进行了四种不同的物理性能测试（握力、钢丝悬挂、水平杆和旋转棒），研究发现，在蜂王浆治疗的小鼠中，年龄相关的运动功能损伤明显延迟，表明蜂王浆有可能通过调节运动功能而改善衰老过程中的生活质量。

三、从蜜蜂生物学证明蜂王浆的延缓衰老功效

蜜蜂分为三种类型：蜂王、工蜂和雄蜂，雄蜂由未受精卵发育而成，蜂王和工蜂都是由受精卵发育而成。蜂王和工蜂的幼虫在前三天都食用蜂王浆，三日之后，哺育蜂不再饲喂工蜂幼虫蜂王浆，改喂蜂蜜和蜂花粉制成的蜂粮。于是，出现了如下四种差异。

蜂王从卵到成年蜂只需要 16 天，工蜂要经过 21 天；蜂王的身体比工蜂的身体大将近一倍；蜂王是发育完全的雌性蜂，一昼夜能产 2 000~3 000 粒卵，合起来超过自身体重，蜂箱中所有蜜蜂都是蜂王的后代，而工蜂的生殖器退化成了螫针，失去了生育能力；蜂王的寿命很长，最长可以活 5~10 年，工蜂寿命短，一般只能活几十天，最长几个月。

由此可以证明，蜂王浆具有丰富的营养成分和生命活性物质，具有延缓衰老作用。

第三节　蜂王浆对神经系统的作用

一、蜂王浆对神经系统的作用机制

蜂王浆具有刺激中枢神经系统（CNS）及植物性神经系统活性的作用。Krylov 曾报道蜂王浆中乙酰胆碱对于光滑呼吸肌的神经支配作用。口服摄入

一种俄国的以蜂王浆为基础成分制作的称为"Apilac"的制剂，会促进中枢神经系统的磷酸化的作用，从而加强了小鼠脑部胆碱酯酶活性。给予小鼠高剂量的100毫克/千克的制剂，会促使其神经元功能的改变。

蜂王浆表现出可以通过刺激神经胶质细胞衍生的神经营养因子（GDNF）的产生，起到对发育成熟的脑神经营养效应。神经丝mRNA的增强表达涉及随后的神经营养因子GDNF。蜂王浆可能通过GDNF在成熟的脑中发挥着神经营养或神经保护的作用。

近期大脑的研究已经揭示了蜂王浆对于中枢神经系统的作用机制。独特的蜂王浆成分，肌肉型烟碱受体（cAMP-N1）氧化物，目前没有在任何其他物体中发现，它对神经元分化有直接作用并刺激不同的大脑细胞的形成。蜂王浆使所有不同类型脑细胞的分化更加容易，包括神经元、星状细胞和寡突细胞。而且蜂王浆可以通过促使海马体颗粒细胞（在认识过程中的功能）再生，改善神经元的功能。蜂王浆可能起到促进剂的作用，来激活成熟大脑的神经干细胞，从而期望它分化形成神经元和胶质细胞。

研究表明海马体齿状回中神经发生与消沉的症状有关系，并期待着蜂王浆的有效使用来刺激神经的形成。蜂王浆可能会对于帕金森病、阿尔茨海默病的神经元增加有积极的影响。为了证明蜂王浆在神经系统中的作用，为了探讨蜂王浆对于重组酶（CRE-）介导的转录作用，进行了蜂王浆促进PC12D细胞中CRE-介导的转录试验。发现蜂王浆具有提高CRE-介导的转录的活性作用，同时能够通过细胞外信号调节激酶独立级别串联激发CRE-介导的转录作用。

二、蜂王浆各组分对神经系统的作用

蜂王浆是一种活性成分极为复杂的纯天然生物产品，在预防及治疗神经疾患方面，蜂王浆有其独特的效用，是其他保健品无法替代的。蜂王浆含有人体生长发育所需的全部营养成分：蛋白质，多种氨基酸，维生素，特种生物素，多种激素、多肽，还含有保证生理平衡的生物催化因子、酶等，这些活性成分不仅能影响细胞代谢过程，给大脑提供神经胶质细胞合成的重要原料，同时还能给神经胶质细胞提供营养，对组织功能的恢复也有一定的作用。

1. 蛋白质

神经系统对机体的代谢和各系统生理功能的调节起主导作用，食物蛋白质的质和量对神经系统特别是中枢神经系统有很大的影响。蛋白质由氨基酸组成，人体所需的氨基酸有必需氨基酸和非必需氨基酸，前者是人体必需的但自身不能合成，需从日常膳食中摄取，而它们正是中枢神经系统内形成两大类神经介质所不可缺少的成分。在中枢神经系统内，神经冲动信息的传递过程中，氨基酸起载体的作用。如果由于某种原因氨基酸缺乏或不足，将导致中枢神经冲动信息传输受阻，周围神经得不到信息，从而导致一些神经疾病的发生，如偏瘫痴呆语言障碍等。现代营养学研究表明，人体每天摄入 40 克蜂王浆所含的优质蛋白质的量大体与人体所需量相当。

2. 糖类

糖类对维持神经系统的功能具有很重要的作用。尽管大多数体细胞可由脂肪和蛋白质代替作为能源，但是脑神经和肺组织却需要葡萄糖作能源物质，若血液中葡萄糖水平下降（低血糖），脑缺乏葡萄糖会产生头晕、恶心等不良反应。此外，糖尿病患者不能直接摄食糖类，而自身又需能源物质来补充能量，因此蜂王浆可直接满足这一需要而又不会摄入过量的糖类。另外，糖有解毒作用，临床实验表明，机体肝糖原丰富，则对某些细菌毒素的抵抗能力增强，反之则减弱。

3. 维生素

蜂王浆中含有丰富的维生素 A、B 族，维生素 E、维生素 C 等，维生素对调节神经系统的功能，维持神经的健康状况有着不可替代的作用。维生素 A 维持上皮组织与视力正常，促进生长繁殖，增强人体对传染病的抵抗力。维生素 A、维生素 C 能清除人体自由基，延缓衰老。维生素 B_1 在体内参与糖代谢，而神经组织的能量来源主要靠糖的氧化增加供给量，可以使神经组织的能量供应得到保证，并能清除丙酮酸及乳酸在神经组织中的堆积，而乳酸在肌肉中的大量堆积使人体产生疲劳。据报道，在患有由汞甲醇四乙基铅和砷中毒引起的神经炎症时，补充维生素 B_{12} 有明显的疗效、维生素 B_1、维生素 B_2、维生素 E 联合用于治疗中枢神经系统损害和神经炎症时，其独特的功能在于可促进脑细胞和神经组织代谢，便于其功能恢复。烟酸（维生素 pp）是辅酶 I 和 II 的组成成分，为细胞内呼吸作用所必需的物质，维持皮肤和神经组织的健康。维生素 C 激活羟化酶，促进组织中胶原的形成，参与体内氧化还原反应，并在体内起着抗氧化剂的作用，促进铁的吸收。

4. 脂类

临床研究表明，长期服用蜂王浆能促进神经传导，提高大脑活力，是由于蜂王浆含有大量的磷脂。各种神经细胞之间是依靠乙酰胆碱来传递信息的，乙酰胆碱是由乙酸和胆碱反应生成的，当磷脂被机体消化吸收后，便释放出胆碱，胆碱随血液循环系统运送到大脑，在大脑中与乙酸反应生成乙酰胆碱，当大脑中乙酰胆碱含量增加时，大脑神经细胞之间的信息传递速度加快，记忆功能得以增强，大脑活力也明显提高。

此外，蜂王浆中的高级脂肪酸、矿物质、多肽等，在神经系统的代谢中也起着不容忽视的作用。

第四节　蜂王浆对肾功能的保护作用

人的肾功能随着年龄的增长而有所减退，如遇应激情况，增加肾脏的额外负担，则会发生肾功能受损，故应处理好各种增加肾脏负担的因素，如感染、血容量不足、外伤、尿路梗阻或使用肾毒性药物等，以避免发生肾功能不全致肾衰而危及生命。服用蜂王浆能减轻和避免各种因素造成对肾脏的危害。

一、蜂王浆抗感染能力强

任何较严重的感染均可诱发患者发生肾功能衰竭。由于肾动脉硬化，肾血流量不足，肾抵抗感染的能力降低，感染率增加；或因前列腺肥大引起尿路梗阻，易导致感染。蜂王浆具有抗炎症作用，对炎症早期的血管通透性亢进、组织液渗出以及水肿都有明显抑制作用。低浓度的蜂王浆对金黄色葡萄球菌、链球菌、变形杆菌、大肠杆菌、枯草杆菌、结核杆菌、星状发癣菌等有抑制作用，高浓度时有杀菌作用。肌内注射王浆制液后，能显著增强吞噬细胞的吞噬能力。王浆含有的维生素 B，多种氨基酸和乙酰胆碱，在这些物质及特异性抗原作用之下，促使人体的血清调理素进入血液，激活了吞噬细胞。王浆含有的丙种球蛋白含量高达 10 单位/毫升。丙种球蛋白具有抗菌、抗病毒和毒素等重要性能。所以服用蜂王浆可以辅助治疗一些感染性疾病，包括尿路感染、肾炎等。

王浆中含有的 10-羟基-2-癸烯酸，这种脂肪酸具有相当强的抑制细菌生长和杀菌效果。急性肾炎常发生于咽炎、扁桃体炎、皮肤感染、猩红热等链球菌或其他细菌感染之后，这是由于感染后的免疫反应引起的。若服用蜂王浆即可抑制和杀灭链球菌等感染源，避免引发肾炎。

二、控制血压防治肾小动脉硬化

由于患者肾小动脉硬化，呈玻璃样变和内膜增厚，使肾脏血流量降低，如有心力衰竭或血容量不足，则肾脏血流量进一步降低，从而导致肾功能不全；若发生失水、休克和大出血，则导致肾功能衰竭，如兼有高血压，则会加速肾小动脉管壁硬化病的进程。蜂王浆不仅可以有效地调节血压的高低，而且可以防治动脉硬化。

蜂王浆可以抗高血脂、高血凝和抗动脉硬化。据上海医科大学沈新南等试验发现，蜂王浆冻干粉能降低血清胆固醇含量，提高高密度脂蛋白含量和降低动脉硬化指数。说明蜂王浆具有防治高脂血症、动脉粥样硬化和改善血液高凝状态的作用。蜂王浆降低血脂可延迟动脉损害，使高脂血症造成的动脉内皮细胞功能逆转，因此，蜂王浆能有效地防治肾小动脉硬化。

蜂王浆能增强红细胞变形能力，使红细胞过滤指数降低，降低血纤维蛋白原含量。红细胞变形能力是指正常的红细胞具有通过比自身直径小的毛细血管的能力。红细胞变形能力的下降和丧失，使毛细血管的灌流量急剧减少，造成严重的微循环障碍，往往导致组织缺血、坏死和血栓形成。蜂王浆对高脂环境中已有损伤的红细胞变形能力，具有一定的修复作用。蜂王浆降低血浆纤维蛋白原含量，可避免红细胞聚集，降低血液黏稠度，防止血栓形成。综上所述，蜂王浆降血脂和降胆固醇作用可起到减轻动脉硬化病变和修复受损害血管的效果。

三、蜂王浆能逆转肾毒性药物损害

利用蜂王浆辅助治疗各种肾病或能引发肾功能受损的疾病，不仅治疗效果好，无副作用，而且对于传统药物所造成的各种肾损害，具有治疗和逆转作用。

一般肾病患者肾浓缩功能差，并多尿，易形成体液缺失，加上肾小球滤过率降低和肾血流量不足，因此更易招致肾毒性药物的损害，加重肾功能的损害程度。在肾病治疗过程中常见于使用含碘造影药作 X 线造影检查或使用具有肾毒性的抗生素，特别是庆大霉素和卡那霉素，头孢菌素与速尿药同时应用时，则会增加其肾毒性。国外研究表明，有 5%～22%的肾病和慢性肾衰是由滥服镇痛药引起。国内研究结果，消炎药会导致肾缺血，可能引起肾小管坏死。长期或大量服用阿司匹林、对乙酰氨基酚等均可引起肾中毒、肾损害而致肾衰。在治疗肾病用药的同时，服用蜂王浆，不仅能提高传统药物的治疗效果，而且能减少或避免因药物造成的损害。

四、受损肾组织的修复

在利用蜂王浆疗法辅助治疗急、慢性肾炎、多囊肾和肾病综合征等过程中，蜂王浆能恢复肾小球滤过膜对体内代谢的分辨自控能力，这是蜂王浆恢复肾功能的关键因素。

在肾病发病机理的多种研究中，最重要、最核心的一点是：尽管肾病发病原因是复杂、多方面的，但归根结底的改变是肾脏组织的突变导致肾萎缩、坏死。肾脏是人体内去毒存益的过滤器，即将人体在血液、水分中的有毒物质及终端代谢废物通过肾滤过后随尿液清除出去。肾脏一旦病变，肾小球滤过膜遭到损伤，导致白蛋白及其他有利于人体应回收的物质流失。如何修复肾小球"滤过器"，恢复代谢排毒作用，是长期困扰医学界的难题。

实验证明，蜂王浆对部分肾切除的大鼠肾组织有再生作用，能加速肾组织的再生过程，如使肾组织重量增加为对照组的 2.5 倍，体积增加为对照组的 2 倍。服王浆后的大鼠肾组织出现的再生现象，包括细胞密集、细胞嗜碱性、细胞核增大且染色较深，细胞核呈有丝分裂状、出现肾小球等，同时，蜂王浆对大鼠棉球肉芽肿增生无明显抑制作用，有利于组织修补和创伤愈合。蜂王浆使炎症早期的血管通透性亢进，对渗出和水肿有明显的抑制作用，并促进炎症修复，促进细胞内的某些酶，如乳酸脱氢酶（LDH）、琥珀酸脱氢酶（SDH）和还原型辅酶Ⅰ（NADH）—细胞色素—还原酶的酶活性。

第五节　蜂王浆对大脑功能的增强作用

一、蜂王浆健脑益智、提高记忆

人脑的思维、记忆、判断力完全取决于大脑的神经胶质细胞的数量，这种神经胶质细胞来源于动物蛋白，是由多种氨基酸组成的，蜂王浆中含有丰富的蛋白质和氨基酸，能为神经胶质细胞的增殖提供有力的物质保障。蜂王浆中丰富的乙酰胆碱（95.8 毫克/100 克）是增强记忆力的重要物质，也为大脑神经细胞信息正常传导与思维提供了物质保证。乙酰胆碱在自然界中多以胆碱的形式存在，这些胆碱必须与人体内的乙酰辅酶 A 起生化反应后，才能合成具有生理活性的乙酰胆碱，而在蜂王浆中它直接以乙酰胆碱形式存在，可直接被人体吸收利用，所以蜂王浆对治疗老年性痴呆症、记忆力下降有良好的效果。此外，蜂王浆中的氨基丁酸能抑制大脑的过度兴奋，使大脑劳逸结合，避免过度用脑造成的大脑老化。

二、蜂王浆增强大脑功能的机理

蜂王浆为什么会有这种作用呢？这还得从大脑记忆权威学说——神经递质学说说起，该学说认为大脑记忆功能的强弱主要取决于大脑内一种记忆物质——乙酰胆碱的含量。乙酰胆碱是存在于大脑细胞神经之间的一种信息传导递质，当其含量高时，记忆脑区神经功能就强，脑神经之间信息传递速度就快，人的记忆力就增强，各项脑功能也相应得到改善。反之，如记忆物质的含量降低，脑神经之间信息传递速度减慢，记忆力下降，就会出现各种脑功能障碍。

人的脑组织中含有大量乙酰胆碱，但是其含量会随着年龄增加而下降，正常老年人比青年时下降30%，而老年痴呆症患者下降更多，可高达70%~80%。英国和加拿大等国的科学家研究认为，有控制地补充足够的胆碱，可以避免60岁左右的老年人记忆力衰退。动植物蛋白如蛋、鱼、肉、大豆中都含有较丰富的胆碱，但是这些胆碱需要在人体中与酸发生化学反应后才能生成具有生理活性的乙酰胆碱。而蜂王浆的优越之处就在于它含有现成的乙酰胆碱，不必经过体内的合成作用就能直接被神经细胞吸收和利用，这一点对于有合成障碍的人群来说便显得更为有利。

更为可贵的是，蜂王浆中乙酰胆碱的含量较为丰富，据测定，每100克蜂王浆中含有95.8毫克乙酰胆碱。除了含有对增强记忆有重要作用的乙酰胆碱以外，蜂王浆能够健脑益智还表现在其丰富的营养能为脑神经细胞的生长发育提供充足的物质保证，如其中的蛋白质和氨基酸能为大脑提供合成神经细胞的原料，并为神经胶质提供营养，从而为人类智慧的发展奠定坚实的物质基础。

此外，蜂王浆中含有多种维生素和微量元素，它们对大脑的作用是多方面的，如B族维生素含量高、种类多，是大脑的重要营养素；微量元素中的锌在人体内起着举足轻重的作用，它参与80多种酶的合成，参与与记忆力息息相关的蛋白质和核酸的合成。由以上分析，我们不难看出，食用蜂王浆能够为大脑提供充足的营养，不但能够保证大脑高级思维活动的进行，还能够提高智力，增强大脑记忆力，全面改善脑功能，并能延缓衰老。因此，蜂王浆可称得上是营养健脑、提高智力不可多得的保健佳品。

第六节　蜂王浆的抗菌消炎作用

一、蜂王浆的抑菌抗菌作用

蜂王浆具有明显的抑菌抗菌作用，其醚溶成分表现出极强的抗菌活性，其中 10-HDA 在用碱中和后仍保持较强的抗菌活性。低浓度时，用 7.5 毫克/毫升的蜂王浆，即可抑制大肠杆菌、金黄色葡萄球菌、枯草杆菌、结核杆菌、星状发癣菌、表皮癣菌、巨大芽孢杆菌和变形杆菌；高浓度时有杀菌作用。对酵母菌的抑制作用较弱，易受酵母菌污染，在 25 毫克/毫升的浓度下，也能抑制其生长；10-羟基-△2-癸烯酸对化脓球菌的抑制作用为青霉素的 1/4，对革兰氏阳性菌的抑制作用为阴性菌的 2 倍。蜂王浆对乙型链球菌高度敏感，对金黄色葡萄球菌和白色葡萄球菌为中度敏感，对肺炎双球菌为低度敏感。蜂王浆对假单胞菌、沙门氏菌、部分病原虫也有抑制生长的作用。

二、蜂王浆抗菌强度的影响因素

蜂王浆的 pH 值与抗菌作用密切相关，pH 值 4.5 时，其抗菌作用最强；pH 值 7.0 时，其抗菌作用减弱。蜂王浆的稀释度与抗菌效果有着直接关系，其稀释度为 1∶10 时，细菌于 30 分钟内被杀死；浓度为（1∶20）~（1∶30）时，对链球菌仍有杀灭和抑制作用；浓度为 1∶1 000时，其抑菌效果甚弱，浓度在 1∶10 000时，不仅其抑菌作用消失，而且有刺激细菌繁殖的效果。此外，蜂王浆的抑菌活性随贮存温度和贮存时间的变化而变化，贮存温度越高、时间越长，抑菌活性越弱；但在-20℃贮存 15 天，蜂王浆对 3 种试验菌的抑制作用不会发生明显的改变；而在 25℃贮藏 5 天后其抑菌活性显著降低。

蜂王浆的抗菌成分如下。

1. 10-HDA

通过比较蜂王浆全组分、乙醚溶解部分以及不溶部分的抗菌活力，发现乙醚溶解部分表现强活力，而乙醚不溶部分活力弱，进一步的研究表明乙醚溶解的主要组分 10-HDA 的抑菌活性要比十碳酸要强，而且不会因为加碱而被中和，而短链的脂肪酸则会在提取的过程中失去活性。通过实验证明浓度为 30 毫克/毫升的蜂王浆脂溶部分（含有 10-HDA）对所有的试验菌都有抑制作用，而相同浓度的脂不溶部分则未表现出活性。即使将脂不溶部分的浓度提高到 300 毫克/毫升，其抑菌程度还是明显低于浓度为 30 毫克/毫升的脂溶部分。这些结果均表明，蜂王浆的抑菌作用很可能与存在于脂溶部分的脂类分子有关。

从蜂王浆中提取的 10-HDA 对实验室常见的几种细菌的抑菌活性实验表明，10-HDA 抑菌作用因菌种不同而最低抑菌浓度有所不同，大肠杆菌为 0.625 毫克/毫升、枯草芽孢杆菌为 1.25 毫克/毫升、金黄色葡萄球菌为 2.5 毫克/毫升，其抑菌效果为：大肠杆菌>枯草芽孢杆菌>金黄色葡萄球菌，实验表明对常见细菌有较好的抑制作用。

2. 抗菌肽

肖静伟等从蜂王浆的水溶性物质中分离出一种新的对革兰氏阳性菌有明显抑制作用的富含甘氨酸的活性肽，分子量约为 2.3kD，含 8 种氨基酸，其中甘氨酸占 33%。1998 年 Sauerwald 等人报道了蜂王浆中肽和蛋白等水溶成分的抗菌特性。Bilikova 等用相对简单的方法从蜂王浆中分离出一种 N 端氨基酸序列与王浆蛋白（royalisin）一致的抗菌肽，并证明它对美洲腐臭病原体有抑制作用。RenatoFontana 等则从意蜂蜂王浆中分离出来四种命名为 Jelleine-1-4 的新型抗菌肽，测序、合成后的抑菌实验证明这一系列肽具有广谱抗菌性。Fujiwara 等用 18 种革兰氏阳性菌和 7 种阴性菌对蜂王浆中分离出来的 royalisin 肽进行抑菌试验。结果表明，royalisin 的抗菌谱要比纯王浆的窄，可以强烈抑制包括梭菌、棒状杆菌、明串珠菌属、葡萄球菌和链球菌在内的阳性菌的生长。其中，乳杆菌属、双歧杆菌属、棒状杆菌属、明串珠菌属、链球菌属和葡萄球菌属对 royalisin 相当敏感，对某些菌的最小抑制浓度约为 1 微摩尔/升，相当于很多抗生素的有效抑菌浓度。

3. 蜂王浆脂溶组分

Eshraghi 等以埃希氏杆菌、葡萄球菌、灰色链霉菌以及其他三种未鉴定的链霉菌为对象菌对蜂王浆脂溶组分和脂不溶组分进行抑菌实验，发现蜂王浆脂溶组分的抑菌作用比纯王浆的要高，而且浓度为 30 毫克/毫升的脂溶部分对所有的对象菌都有抑制作用，而相同浓度的脂不溶部分则未表现出活性。

三、蜂王浆的抗炎消炎作用

蜂王浆有一定的抗炎、消炎作用，对创伤、内患引起的炎症均有不同程度的抗御作用。动物试验证明，蜂王浆对小白鼠因不同原因引起的耳疾和足疾，均有很好的治疗作用。临床试验证实，对试验鼠进行腹腔注射（2克/千克），用药 3~7 小时的作用最为显著，至 24 小时作用逐渐消失。专家发现，蜂王浆对某些炎症的抗御作用可超过氢化可的松。大量临床实践表明，蜂王浆对关节炎病人有较好疗效，经过 X 射线治疗的病人服用蜂王浆后，副作用减轻、食欲增加、血象恢复正常。Yoshifumi 等给过敏炎症的小鼠饲喂蜂王浆，小鼠的炎症显著减轻，无任何副作用，且增加了小鼠血清免疫球蛋白的数量。

王浆酸 10-HDA 是蜂王浆中主要的中链脂肪酸。安徽农业大学的学者应用大鼠血管平滑肌细胞（VSMCs）模型发现，10-HDA 通过下调 NF-B 和 MAPK 信号通路显著减轻血管紧张素 Angiotensin Ⅱ诱导的炎症反应。日本学者研究发现蜂王浆能通过调节组胺 H1 受体信号转导和白介素 9 基因表达对过敏性鼻炎进行治疗。还有研究表明，在人结肠癌细胞模型中，10-HDA 具有抗炎活性，且对动物病原菌有抑菌作用，显示出 10-HDA 作为抗炎和杀菌剂对人体胃肠道的保护潜力。

浙江大学研究团队发现10-HDA对炎性介质和NO的释放有明显的剂量依赖性抑制作用，能抑制炎症基因的表达；并通过调节血清中LTA致炎性细胞因子的释放，对肺损伤起到保护作用。此外，波兰学者通过检测来自7个国家的50个不同的蜂蜜样品后发现，蜂蜜的抗菌成分可能是来自蜂王浆中的C8~C12脂肪酸以及不饱和脂肪酸。

第七节　蜂王浆的抗癌抗肿瘤作用

蜂王浆中的脂类物质是蜂王浆十分特殊和重要的组分，以游离脂肪酸为主，占90%以上，正是这些特殊脂肪酸在抗癌、抗菌、免疫调节、神经诱导等多方面承担着有效的功能。

一、蜂王浆抗癌作用的依据

蜂王浆有很强的抗癌作用，将癌细胞和蜂王浆混合注入小白鼠体内，可以阻止小白鼠体内的癌变。经科研证明蜂王浆的抗癌作用主要是因为蜂王浆中含有丰富的10-羟基-△2-癸烯酸（王浆酸），王浆酸可以阻止癌细胞的繁殖。此外，蜂王浆中还含有类腮腺激素和肝过氧化酶活动因子，这两类物质都具有很强的抑制癌细胞的作用。因此蜂王浆有很好的预防癌症的作用。

蜂王浆中的王浆酸对抑制癌症有好处，癌症可能因自由基而产生，自由基会损伤DNA或免疫系统。当人体免疫功能正常时，变异的细胞可能被具有免疫活性的细胞或相应的抗体识别、杀它或消灭，使它不能够发展成癌症，王浆酸具有提高人体免疫系统之功效。

二、蜂王浆防治肿瘤的效果

蜂王浆有较强的抑制癌细胞生长和扩散的功能，在对恶性肿瘤的综合治疗中具有一定的药用价值。蜂王浆对肿瘤的治疗一方面是因为王浆中所含的有效成分对癌细胞有抑制作用，尤其是 10-羟基-△2-癸烯酸（王浆酸）抑制癌细胞的作用尤为明显；另一方面，蜂王浆可显著提高机体的免疫功能，增强患者自身对癌细胞的防御和杀死能力。大量的研究报告和临床实践证明，蜂王浆对胃癌、肺癌、乳腺癌、食道癌、脑癌、血癌等均有辅助治疗作用。尤其是对早期病人效果更好，对晚期病人也能延长生命。

另外，现有的抗癌药物和放射治疗对人体的骨髓和免疫系统都会造成伤害，使白细胞锐减。而食用蜂王浆不仅能有效地提高治疗效果，而且能防止化疗和放疗的副作用。在临床上将蜂王浆作为放疗和化疗的辅助药物，可使病人的白细胞保持稳定，减少治疗对人体的损害。

三、蜂王浆对子宫肌瘤作用的实验研究

子宫肌瘤是女性生殖系统最常见的良性肿瘤，多发生于 30～50 岁，其患病率为 20%～50%。目前的研究结果显示，子宫肌瘤是卵巢性激素依赖性肿瘤，雌激素水平过高是促进子宫肌瘤生长的主要因素。由于蜂王浆含有激素，因此一般认为子宫肌瘤患者不能服用蜂王浆，但实验结果显示并非如此。

杭州师范大学实验动物中心应用苯甲酸雌二醇加注黄体酮复制子宫肌瘤大鼠模型，以观察蜂王浆对子宫肌瘤的作用。将 30 只 SD 雌性大鼠随机分成正常对照组、模型组和蜂王浆组，给模型组和蜂王浆组注射苯甲酸雌二醇和黄体酮造模，蜂王浆组同时以蜂王浆灌胃，模型组灌服生理盐水。30 天后测定子宫重量及其体重指数，同时观察子宫组织病理组织学改变。

实验结果显示，模型组大鼠子宫内膜呈囊性扩张，有散在局灶性的漩涡状瘤化趋势结构；子宫重量、体重指数等均明显大于正常大鼠，说明模型成功。在此基础上，造模大鼠用蜂王浆灌胃，结果子宫重量、体重指数与模型组比较无显著性差异，可见蜂王浆对子宫肌瘤并未产生副作用。相反，从病理检查结果看，蜂王浆组大鼠子宫内膜腺体囊性扩张发生萎缩，说明蜂王浆对子宫内膜的增生还存在抑制作用。从实验结果看，蜂王浆对子宫肌瘤无不利影响。也就是说，子宫肌瘤患者可以放心服用蜂王浆。

四、蜂王浆冻干粉对小鼠肿瘤的抑制作用

传统医学认为，蜂王浆具有滋补、强壮、益肝、健脾之功用，是人所共知的扶正强壮药物。近年来研究发现蜂王浆还具有降低血中胆固醇，升高高密度脂蛋白，防止高脂血症以及延缓衰老的作用，多用于防治慢性及老年性疾病。

同济大学医学院预防医学教研室为研究蜂王浆冻干粉对小鼠肿瘤的抑制作用，按每千克体重 0 克、0.25 克、0.50 克、0.75 克设对照及低、中、高 3 个剂量组，经口给予蜂王浆冻干粉 30 天后，接种小鼠肉瘤 180（S180）和艾氏癌腹水型（EAC）两个瘤种。结果在两次重复的小鼠 S180 和 EAC 抑瘤试验中发现，中剂量组瘤重明显低于阴性对照组（$P<0.05$），抑制率可达 34%；中剂量组荷瘤小鼠平均生存时间均明显高于对照组（$P<0.05$）。

研究结果表明，蜂王浆冻干粉可抑制小鼠 S180 肿瘤的生长，能提高 EAC 小鼠的存活期，有明显抑制肿瘤的作用。试验证明，蜂王浆冻干粉具有提高小鼠细胞免疫功能的作用，表现为增强小鼠单核巨噬细胞功能和自然杀伤细胞活性。大量的事实证明抗肿瘤生长的免疫反应以细胞免疫为主。自然杀伤细胞是体内一组具有自发性抗肿瘤、抗病毒效应的细胞群。因为其本身可直接杀伤肿瘤细胞而成为肿瘤细胞生长初始阶段的第一道防线。

五、蜂王浆抗辐射及抗化疗作用

蜂王浆有较强的抗辐射作用，病人在放疗、化疗期间，坚持食用蜂王浆可以有效的减少放射线对人体的损害，维持白细胞和红细胞的正常水平。食用蜂王浆还可以恢复放射线对人体造成的不良反应，使病人食欲增加，白细胞恢复正常，不留放疗后遗症。这是因为蜂王浆能使遭到抑制或损伤的巨噬细胞激活和白细胞增多，其提高免疫能力和抗逆力的作用在这时得到了体现。

相关研究证明，蜂王浆冻干粉胶囊对肿瘤化疗患者有良好的恢复食欲、促进消化吸收作用；对化疗引起的骨髓抑制有较好的保护作用；同时观察

到其有明显的保肝作用；对化疗患者的细胞免疫功能有一定的调节和抗肿瘤作用。

患者手术后虽暂不能经口进食，但胃肠功能完好，此时肠内营养支持是术后营养支持的首选，可以增加患者能量及蛋白质摄入，从而改善患者营养状况。在肠内营养液中加入蜂王浆成分，以期发挥蜂王浆抗癌、抗菌、免疫调节作用，同时预防患者术后营养不良所致的感染、伤口愈合不良或不愈合等并发症。

第八节　蜂王浆的抗氧化作用

自由基能损坏膜结构、酶、蛋白质和 DNA，使细胞受到损害；低水平自由基损害的长时间累积，能引起老化多病，导致人体的衰老和死亡。同时，现代学者认为凡能抑制和消除自由基的物质，均具有抗衰老作用。自由基都有一个未成对电子，具有强烈的配对倾向，所以自由基都很活泼，很容易与其他分子或自由基反应生成新的自由基，由此引发连锁反应使机体的生命大分子交联聚合、器官组织细胞的破坏与减少、免疫功能的降低。而恶性肿瘤或引起癌症的物质有个明显的特征就是，致癌物必须变成自由基才能起作用，由自由基去改变细胞或基因的功能。

一、蜂王浆清除自由基的有效成分

蜂王浆的独特抗氧化作用并能清除自由基，是由于其中有效的功能因子与其他相关有效成分的协同作用。自由基的清除剂单独使用一般都不是很理想，例如 SOD 如果单独使用将是不合理的，有可能起不到抗氧化作用。实验证明，SOD（超氧化物歧化酶）只有与 GP（谷胱甘肽酶）或 CAT（过氧化氢酶）一起联合使用才会起到很好的抗氧化作用。根据已知的蜂王浆的化学成分，蜂王浆中主要的自由基清除剂分为以下几类。

1. 有机酸类

蜂王浆至少含有 26 种游离脂肪酸，其中 10-羟基癸烯酸（10-HDA）是蜂王浆特有的天然不饱和脂肪酸。这些不饱和脂肪酸能起到清除自由基的作用，这是它们的结构决定的。如 10-HDA 由于含有不饱和脂肪酸，容易获得一些活泼电子的进攻，而在第 10 个碳原子上还有一个羟基，此羟基由于氧原子的电负性较大，故氢原子上的电子较易失去，从而起到抗氧化作用。亚油酸也是由于含有两个不饱和键更容易打开双键而接受电子，因此医药上多用于治疗高血脂和动脉硬化。花生四烯酸同样因为结构中含有四个烯键而易被氧化，它是人体磷脂的重要组成，可兴奋子宫、抑制胃酸分泌，对动脉有收缩作用，主要应用于营养品及保健品。

2. 蜂王浆中的酚类物质

蜂王浆中既含有多酚类又有单酚类。多酚类主要是黄酮及类黄酮，2, 6-二叔丁基苯酚又称防老剂 264，它广泛用于食品、高分子材料及化妆品等行业。酚类物质在清除人和动物体内的自由基时，也起到抗癌作用；又可防止低密度脂蛋白氧化而对心血管有预防作用；对体内多种酶具有诱导作用；有抗菌抗病毒作用。

3. 蜂王浆中的酶类及激素

蜂王浆中含有胆碱酯酶、超氧化物歧化酶（SOD）、碱性磷酸酶等多种对身体有益的酶类。蜂王浆中的激素主要是保幼激素。蜂王浆中的抗坏血酸氧化酶是一种多铜蛋白，不饱和多羟基化合物，它催化抗坏血酸发生氧化作用而生成抗坏血醛。SOD 是清除超氧阴离子最有效的清除剂。普遍存在于需氧化合物中，保护机体对抗自由基，有防辐射、抗衰老、消炎、去皱、消色斑等作用。它主要是通过催化超氧阴离子和氢离子生成过氧化氢和氧气而起到清除超氧的作用。蜂王浆中的另一种抗氧化酶为葡萄糖氧化酶，此酶由于可以脱糖而防氧化，在食品工业用于防褐变，用于饮料、水果、蔬菜等产品脱氧而延长保藏期，还可与过氧化氢酶配合用于食品防腐消毒。

4. 维生素类

蜂王浆中的维生素不仅种类全而且含量高，尤其 B 族维生素含量极为丰富，维生系 C 在空气中易氧化，能使组织产生胶原，加速血液凝固，刺激造血功能，促进铁离子的吸收，使血脂下降，增加对传染病的抵抗能力，参与解毒。因此有抗组织胺的作用及阻止致癌物生成。

5. 蜂王浆中的矿物质

蜂王浆中的矿物质主要有钾、钠、钙、镁、磷、铜、铁、锌、铬、锰、钴等。而铜、锌、锰等矿物质元素，是某些酶类的活性中心部位，因此在酶的防过氧化过程中起着至关重要的作用，因此这几种元素也是抗氧化中的主要因素。

二、蜂王浆抗氧化作用研究

机体在氧化反应过程中，产生了很多自由基，研究表明，许多疾病都与自由基的攻击有关，使机体衰老。蜂王浆含有人体必需的清蛋白、球蛋白（比例 2：1），且这种搭配合理，易于吸收，同时含有的维生素及氨基酸、激素等对机体的生长、发育、调节代谢等都有一定作用。蜂王浆能抑制脂褐素的形成，延缓皮肤细胞衰老。Nagai 等报道了蜂王浆的清除超氧化物的作用仅次于蜂胶，且发现其抗氧化作用受温度影响不大。蜂王浆对老年病有明显的改善症状，孙丽萍等认为蜂王浆抗老年性痴呆的机理可能是由于蜂王浆能缓解自由基造成脂质过氧化的缺血性脑损伤及蜂王浆中乙酰胆碱可以直接吸收利用，且含量丰富，因此有利于提高智力、改善记忆力、改善老年性病的症状。蜂王浆的抗氧化抗衰老功能被越来越多的人实践，据最新统计，蜂王浆在日本使用 50 年，与日本国民的普遍长寿关系密切。同时，一些学者从分子生物学和中医学角度分析了蜂王浆的生理活性作用，认为蜂王浆的活性分子促进了分子中医学网络的调节作用，从而激活各种网络分子受体，提高网络分子功能。

为了对理论分析进一步确认其正确性，国内外学者，对其做了大量的实验进行验证。李雷等以玉米蜂花粉、蜂王浆等为原料，辅以枣花蜂蜜调和，经科学加工而成的抗衰老强壮剂。通过对小白鼠实验，结果表明，此强壮剂能提高小鼠全血中 GSH（谷胱甘肽过氧化物酶）含量及红细胞和肝脏中 SOD（超氧化物歧化酶）的活性，并能降低小鼠红细胞及肝脏中的 MDA（丙二醛）的含量，显示了一定的抗衰老作用。王南等以低、中、高剂量蜂王浆分别饲喂大鼠，连续灌胃一个月，采其血清，测其 SOD、MDA、GSH-PX，同时又测定了肝中的脂褐质。结果表明，实验组 MDA 明显低于对照组，肝中的脂褐质与对照组无明显差异，SOD 显著高于对照组，GSH-PX 的活力中、高剂量组显著高于对照组。此实验测定了多个项目来说明了蜂王浆的抗衰老作用，也据此说明了蜂王浆有明显的抗氧化作用。李文立等通过对受试动物饲喂蜂王浆与蜂花粉复合剂，也测定了肝中的 MDA 含量、SOD、GSM-PX 活性，各指标与对照组有明显差异，表明复合剂可通过降低肝中活性氧水平，增加线粒体膜稳定性，缓解老龄大鼠机体氧化应激状态，从而保持细胞正常结构和功能，延缓衰老。

胶原量的减少也可导致皮肤衰老，生成胶原所必需的抗坏血酸在热和酸性条件下不稳定，而抗坏血酸的前体在体内可存在，宫田聪美通过实验把抗坏血酸与蜂王浆合用促进胶原生成的作用，通过 100、200、500 毫克/升蜂王浆的添加，促进胶原生成作用呈浓度依赖性，从而表明二者合用有美容和保健作用。刘克明等又通过 D-半乳糖致氧化所致模型法测成年鼠 SOD 的活力及基因表达，对机体氧化损伤的主要指标超氧化物歧化酶的活性进行测定，结果显示，与正常对照组小鼠比较，饲喂蜂王浆的 D-半乳糖模型组小鼠 SOD 活力明显上升。

Takeshi 等采用硫氰酸盐法通过测定蜂王浆等蜂产品对超氧阴离子、DPPH、羟基自由基的清除能力，来了解各蜂产品的抗氧化程度，结果显示，各种蜂产品抗氧化强弱依次为蜂王浆、蜂胶、荞麦蜜、日本蜜、百花蜜、橡胶树蜜，从而显示了蜂王浆对超氧自由基有很强的清除能力，对 DPPH 也仅次于荞麦蜜。Shin-ichiro 等通过对 C3H/HeJ 小鼠饲喂蜂王浆 16 周，测定了肾 DNA 和血清中 8-羟基-2-癸烯酸，此物为氧化标志物官能团。对其测定显示，8-羟基-2-癸烯酸的含量明显下降，同时测定了蜂王浆延长小鼠生命跨度指标，显示高剂量组比低剂量组存活时间长9周，从而推测蜂王浆能延长生命，延长生命可能是因为减少了8-羟基-2-癸烯酸的破坏。

Takashi等通过脂质过氧化反应模型，测定了蜂王浆的抗氧化性，指标显示了蜂王浆有很高的抑制脂质过氧化作用。Georgiev等对55名妇女进行了3个月的观测，同时调查了经期各种评价及生理问题、心血管病的指数，实验结束后，测定了HDL、LDL、TG、TC、血管细胞支持分子和活性蛋白水平，结果显示不但明显减轻了各受试组人员的经期各种症状，且明显降低了TC和LDL，提高了HDL和TG水平。最近Takashi等采用不同的方法提取王浆中蛋白来考查各自提取的蛋白的抗氧化能力。通过水提和碱提蜂王浆，两种提法的酚含量基本相同，蛋白含量是碱提略高于水提，通过电泳分析，一个55KD大小的蛋白在两种主要蛋白带中都存在。利用亚油酸的过氧化法测定了两种提法的抗氧化能力。结果显示，50克/升和100克/升的王浆水提物相当于维生系C的1摩尔/升和5摩尔/升的抗氧化能力，而碱提的在100克/升时比5摩尔/升维生素C活力强，但低于1摩尔/升维生素E。此外，通过黄嘌呤氧化酶体系测定了水提和碱提物的超氧阴离子清除能力，得出当低浓度时水提的清除能力强于碱提的，但当为100克/升时两者清除能力大约相等。且两种提法的清除羟自由基的能力是很相近的，清除率都为50%～60%。PolenaJamnik等通过调查蜂王浆对酵母细胞抗氧化行为，酵母在不同浓度的王浆液中生长，结果显示蜂王浆抑制了酵母细胞间的分子间氧化。AzizaA等测定了蜂王浆对带FB菌毒株的小鼠的肝、肾部位氧化性，表明蜂王浆对肝、肾有较强的保护作用。

第九节 蜂王浆的其他生理活性

国内外临床资料和相关科学实验研究表明，蜂王浆能增强机体对各种致病因子的抵抗力，促进生长发育，加强器官组织的再生修复能力，调整

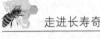

内分泌和代谢，改善重要脏器的机能，并参与机体的免疫机能。

一、蜂王浆强化性功能

食用蜂王浆后对男性和女性均有提高性欲望和性能力的作用，同时也能对性中枢起积极的作用，防止性器官的衰老并增强其功能。因蜂王浆本来是用来喂养雌性蜂王的，可致蜂王的雌性器官大量产生卵细胞，所以非常适于调节女性的生理机能，在临床上蜂王浆被用来治疗月经不调、不孕症、妇女更年期综合征、性功能衰退等女性疾病。蜂王浆对男性的性机能也有增强的作用，不仅提高性欲和性能力，还可提高精子的活力。这是因为蜂王浆中的三磷酸腺苷（ATP）及果糖为提高精子活力提供了最好的能源。蜂王浆对精子的形成和成熟有很强的促进作用。

蜂王浆中含有比较丰富的氨基酸物质，并且拥有多种能够刺激脑神经的递质，这些都能够使得脑细胞兴奋并且有效的调理人体的生态平衡。蜂王浆含片在益肾壮阳方面有着较好的药学效果。运动性疲劳属中医虚证（脾虚、肾虚、气虚等）范围，故普遍采用补益的方法，或兼以活血化瘀等，而肾虚在运动性疲劳或性机能低下者多见。深圳市人民医院泌尿外科叶其伟研究利用氢化可的松造成小鼠阳虚证模型，经服用蜂王浆含片后，症状明显改善甚至消失。结果证明，蜂王浆含片具有壮阳之功效，能够增强动物机体生理功能，提高对外界不良刺激的耐受力，同时可明显增加肾虚动物生殖器官的重量，缩短阴茎勃起潜伏期，增强雄性大鼠的交配能力。这说明，蜂王浆对大鼠体内的雄激素产生与释放起促进作用。

二、蜂王浆促进新陈代谢

蜂王浆可使间脑机能更加健全，使植物自主机能保持平衡，充满活力。蜂王浆可促进内分泌活动和细胞再生，充分调动整个机体的旺盛活力，由于组织代谢功能的改善和再生功能的加强，使整个机体得到更新；蜂王浆中还含有与腮腺激素极其相似的物质，经研究证明此种物质的主要作用是促进血清蛋白形成红细胞，从而使人体血液的携氧能力加强，促进新陈代谢，使人保持旺盛的活力，精力充沛。

三、蜂王浆能促进造血功能

口服或注射蜂王浆，可使红细胞直径扩大，并使血红蛋白数量及网状细胞的数量增多。患者食用蜂王浆 24 小时内，血中铁含量显著增加，同时还发现血液中其他成分发生明显的变化，主要是白细胞总数开始增加，血小板数目也增多。蜂王浆还能减轻 6-硫嘌呤对骨髓的抑制作用，显示蜂王浆对骨髓组织有保护作用，可强化骨髓造血功能。

四、蜂王浆增强干细胞再生

美国斯坦福大学医学院的研究人员在《Nature Communications》上发文，报道了王浆主蛋白 1（MRJP1）的组成成分 Royalactin 能激活增强干细胞再生的基因网络，使干细胞处于一种自我更新的状态。表明有机体在它的帮助下能产生更多的干细胞来构建和修复自身。Royalactin 将来有可能可用于因细胞死亡引起的疾病的新疗法，如阿尔兹海默症、心脏衰竭和肌肉萎缩等。

蜂王浆的蛋白组分蜂王浆主蛋白 1（MRJP1）能够维持小鼠胚胎干细胞的多能性。这项研究还在哺乳动物体内发现了其结构类似物 Regina。Regina 对干细胞多能性具有类似的促进作用，揭示了干细胞自我更新的内在机制。

蜂王浆是蜜蜂的"蜂王制造者"，已知能影响哺乳动物的寿命、生育能力和再生能力。研究人员发现 MRJP1 是蜂王浆的功能成分，对其他物种具有调节作用，或能激活保守通路。不过，这些保守的细胞信号通路尚未发现。

美国加利福尼亚州斯坦福大学医学院的 Kevin Wang 和同事发现，MRJP1 能在其他胚胎干细胞维持因子不存在的情况下，激活体外培养的小鼠胚胎干细胞的多能性基因网络，并维持这些细胞。加入 MRJP1 培养的细胞被注射入小鼠囊胚后，胚胎仍能产生可活的小鼠，这些细胞也可以融入小鼠的生殖细胞。研究人员还在哺乳动物体内发现了 MRJP1 的结构类似物 Regina。

研究人员发现，Regina 在维持体外小鼠胚胎干细胞特性方面具有类似的功能。这表明蜜蜂到哺乳动物都存在一条演化保守通路，这一通路或许能调控每个物种体内的不同过程。进一步研究将有助于阐明 Regina 在哺乳动物细胞中的作用。

五、蜂王浆调节免疫功能

机体的免疫功能主要表现为免疫防御、免疫稳定和免疫监视。蜂王浆内含有丰富的氨基酸、维生素、蛋白质和少量的不饱和酸等物质，可提高人体的免疫功能。范红结等以小鼠为动物模型，发现蜂王浆冻干粉能增强 NK 细胞的杀伤能力，对小鼠具有免疫调节作用。蜂王浆对抗肿瘤药物环磷酰胺（CTX）所致小鼠非特异性、特异性免疫功能下降，免疫器官萎缩具有良好的拮抗作用。以不同剂量的蜂王浆胶囊喂小鼠，高、中剂量组淋巴细胞结成花环的能力增强、抗绵羊红细胞抗体形成水平及溶血素效价提高，证明蜂王浆可能通过增强免疫球蛋白与细胞表面受体的结合能力，加强特异性体液免疫应答。在对非特异性免疫功能的影响上，蜂王浆高剂量组有效提高巨噬细胞的吞噬能力和脾脏指数，但对中性粒细胞的吞噬能力和胸腺指数无明显影响。

福建省疾病预防控制中心采用清洁级 ICR 雌性小鼠，分别经口给予蜂王浆 1.2、0.4、0.2 克/千克体重 30 天，后测定小鼠体重、胸腺指数、脾指数、抗体生成细胞、血清溶血素，同时进行脾淋巴细胞转化实验、迟发型变态反应实验、小鼠碳廓清实验、腹腔巨噬细胞吞噬鸡红细胞实验及 NK 细胞活性的测定。结果与对照组比较，蜂王浆 0.4 克/千克体重剂量组增强 ConA 诱导的小鼠脾淋巴细胞增殖能力；1.2 克/千克体重剂量组能促进小鼠抗体生成细胞的生成，并提高小鼠腹腔巨噬细胞吞噬鸡红细胞的能力；0.4、1.2 克/千克体重剂量组使小鼠 NK 细胞活性升高，并增强 DNFB 诱导的小鼠迟发型变态反应；且 3 个剂量组小鼠血清溶血素水平均有增加，而各剂量组对小鼠体重、胸腺指数、脾指数、碳廓清能力等指标均无影响。结论表明，蜂王浆具有增强免疫功能作用。

第四章

蜂王浆的医疗保健作用

第一节　蜂王浆的临床应用历史

一、国外蜂王浆的临床应用历史

1952 年，Dr. PauldeBelvefer（保罗博士德）经过长时间研究后，在巴黎的 Necker（尼克）医院进行了为期 2 年的药物临床实验。

1953 年，全世界开始了蜂王浆与癌症之关系的研究，美国史龙凯德凌癌症研究所寻求大量的蜂王浆应用于癌症研究。

1954 年，意大利医生加利亚基里西用蜂王浆治疗 82 岁高龄的罗马教皇皮奥十二世，使生命垂危的老人起死回生。意大利波隆纳大学临床小儿科医学教授 P. Properi、F. Ragazzini、Dr. L. Francalancia 等人，第 1 次对 42 名 7 岁以下的体质虚弱儿进行了蜂王浆疗法，通过临床应用证明蜂王浆对幼儿发育不良也有奇效。

1956 年，意大利波罗尼亚州的精神病医院院长 Prot. Dr. V. Telatin 在治疗精神病患者时，常以蜂王浆和蜂蜜的混合物让病人服用，20～30 天后，就能消除不安感，使精神稳定下来。

1958 年，美国的皮格拉博士表示服用大量的蜂王浆和注射 10 毫克的蜂王浆一样，对骨髓或细胞并不会产生特别的刺激。九岛胜司教授对患有白细胞减少症的患者每天注射 40 毫克蜂王浆，连续注射 3 天后，隔 10 天做第 2 次注射，结果有些患者的白细胞很明显地增加。

1959 年，当时在日本担任清水市厚生医院院长的渡会浩博士首先将蜂王浆应用在人体医学上。第 1 个临床实验是患有慢性气喘、胆囊炎 84 岁的女性，服用王浆后康复。第 2 个临床实验是一个 70 岁的男性，接受过胃溃疡手术，后来又进行了第 2 次肠梗阻手术，服用蜂王浆后肠子竟然开始自然蠕动。渡会浩博士把蜂王浆应用在临床病例已达到 218 件，有效的达到了 193 件，有效率为 88.5%。治疗的病例包括神经系统、消化系统、呼吸系统、肝脏、更年期障碍、皮肤疾病、痔疾、癌手术后、老化、性能力减退、性无能、失眠、风湿症等。

医学博士竹内孝雄统计运用蜂王浆疗法的 37 个病例，包括胃下垂、胃溃疡、肝炎、肾炎、脚气病、低血压、动脉硬化、高血压、精神疾病、神经痛、子宫癌手术后、更年期障碍、精力衰退、小儿发育不良等，其中 33 个病例有效，有效率达到 88.6%。

德国的布鲁南医学博士提出蜂王浆中的 10-羟基-2-癸烯酸为抗癌物质的报告，因此蜂王浆才受到世界的瞩目。日本东京大学的故绪方知三郎教授也提到过蜂王浆对癌细胞的抑制作用。

1960 年 9 月，在第一届国际烫伤研究会上，维也纳大学医学部的金贝鲁博士报道蜂王浆治疗烫伤，可以使伤口痊愈的时间提前 30%。

1960 年，皮肤科医学博士的报告中指出，蜂王浆对于皮肤炎、皮肤瘙痒、黄褐斑等的治疗有效率达 71%。

1961 年，在维也纳举行的世界医学会上，日本东北大学九岛胜司教授发表了蜂王浆对更年期综合征有效的一篇论文。

1971 年，日本糖尿病学会发表过一篇报道，内容为让糖尿病患者服用蜂王浆，结果血糖降低，症状好转的患者达到 30%。

通过对相关文献的查阅发现，在 1952—1971 年，法国、德国、美国、意大利、日本等国家相继对蜂王浆进行临床应用。日本是 1958 年才开始进行临床实验，最有代表性的是森下敬一在 1979 年 7 月发表的《蜂王浆的应用》，内容涵盖了蜂王浆成分、生理、药理作用以及临床应用。

通过查阅 1977—1994 年的《国外蜂产品文摘》，国外共发表了有关与蜂王浆生产、生理、药理、临床应用的相关论文百余篇。按照论文的语言进行了分类：日语39篇；英语39篇；斯洛伐克语1篇；波兰语5篇；意大利语8篇；罗马尼亚语2篇；保加利亚语2篇；法语1篇；德语2篇；西班牙语3篇；朝鲜2篇。按照蜂王浆发现研究及临床应用进行分类：蜂王浆基础研究及推广的有67篇；药理、生理作用的研究有28篇；临床研究的有2篇。17年间日本和以英语为官方语言的国家做了大量的研究工作，共有78篇文章，从这个数据可以看出日本进入了蜂王浆研究的顶峰阶段。

二、国内蜂王浆的临床应用历史

20世纪70年代，北京大学、北京医科大学等单位对蜂王浆的化学成分及其药理、临床进行了研究，取得了可喜的成果。由北京医科大学协助完成了北京第四制药厂生产的北京蜂王精口服液的药理实验以及对免疫功能作用的研究，同时做了大量临床实验。20世纪80年代末90年代初，又对北京蜂王精进行了深入的药理学、药效学、临床医学的研究。北京第四制药厂、北京医科大学、军事医学科学院、宁波医药科学研究所等单位合作观察了北京蜂王精在体外增强刀豆素A诱导对小鼠脾淋巴细胞增殖反应的影响，同时用作造血干细胞修复、放射线和抗癌化疗药物所致动物毒副作用都有明显的改善作用等。

20世纪90年代，江苏中医药研究所应用了蜂王浆冻干粉治疗恶性肿瘤365例，服用蜂王浆冻干粉普遍反映精神好转的占93.9%、食欲增加者占86.8%、睡眠好转者占84.9%。用于化疗和放疗患者能减轻副作用，病人坚持完成疗程。从20世纪70年代到90年代北京第四制药厂与北京医学院的相关医疗机构、江苏南京老山制药厂与南京中医药研究所等相关医疗机构对王浆进行了临床应用，1988年我国对蜂王浆的生产制定了国家标准，该标准《蜂王浆》于9月5日发布，1989年3月1日实施，标准号为：GB 9697—88。行业专业期刊及相关医疗科研机构相继发表了很多的文章，同时国内行业的专家做了大量的科普宣传，蜂王浆的产量和销量不断提升，从2006年开始全国蜂王浆内销量不断攀升，2010年全国内销市场蜂王浆销量达到了 2 000 多吨。

三、《中华本草》对于蜂王浆主治功能的记载

蜂王浆的功能与主治为：滋补，强壮，益肝，健脾。主治病后虚弱、小儿营养不良、老年体衰、白细胞减少症、迁延性及慢性肝炎、十二指肠溃疡、风湿性关节炎、高血压、糖尿病、功能性子宫出血及不孕症，亦可做癌症的辅助治疗剂。

第二节　蜂王浆对糖尿病的作用

国内外的大量研究表明，蜂王浆能够有效降低血糖，改善血脂状态，改善糖尿病并发症症状。近年来国内外研究蜂王浆治疗糖尿病的作用机制，主要集中在以下五个方面。

一、胰岛素样多肽的作用

胰岛素在调节机体生长代谢的过程中具有重要作用，其功能主要有降低血清葡萄糖含量，促进糖原合成、脂肪合成和蛋白质合成，调节细胞增殖与存活，抗炎症及抗粥样硬化等。补充胰岛素对于 I 型糖尿病人和出现胰岛功能损伤的 II 型糖尿病人是必不可少的。早在 1964 年，Dixit 等就发现蜂王浆中有胰岛素样多肽的活性物质。蜂王浆中存在的胰岛素样多肽可以调节健康人体的葡萄糖代谢。蜂王浆内含有胰岛素样肽类，其分子量与牛胰岛素相同，能促进人体新陈代谢活动的正常进行，调节血糖水平，因而对糖尿病患者有良好医疗作用，长期口服蜂王浆，其中的胰岛素样多肽能够起到胰岛素相似的降糖效果，对糖尿病患者的血糖起到调节和稳定作用。

二、调节血糖和血脂

高血糖和高血脂在糖尿病及其并发症的发生和发展过程中起重要作用，

并且常出现糖脂毒性同时存在的情况，将导致两者相互促进，造成胰岛素抵抗、细胞代谢紊乱，引起炎症反应、氧化应激、组织损伤等，加重糖尿病及其并发症病情。

研究表明，蜂王浆可以通过调节血糖和血脂状态，从而缓解胰岛素抵抗，缓解糖尿病症状。通过研究蜂王浆对血清脂蛋白代谢的影响发现，蜂王浆能够通过降低低密度脂蛋白含量，从而降低血清总胆固醇和低密度脂蛋白。利用链佐星诱导的糖尿病大鼠模型研究蜂王浆对糖尿病的影响，显示蜂王浆能显著降低血清中胰岛素、白蛋白、高密度脂蛋白的含量。蜂王浆能改善血糖、载脂蛋白 A-1、载脂蛋白 B 和载脂蛋白 A-1 的比率，从而降低糖尿病患者患心血管病的概率。

蜂王浆含有丰富的常量和微量元素，对糖尿病患者补充常量和微量元素有良好的作用，例如，钙能影响胰岛素的释放；锌可以抑制胰岛素酶活性，促进血液中胰岛素浓度升高，使血糖下降；铬是人体胰岛细胞必需的微量元素，能增加体内胰岛素的释放量，促进葡萄糖激酶活性，正常分泌胰岛素；镁参与胰岛细胞的功能调节，改善糖代谢指标，降低血管并发症的发生率。此外，蜂王浆中还含有 16 种以上的维生素，对人体脂肪代谢和糖代谢能起到良好的平衡调节作用。

糖尿病患者肌肉组织中的蛋白质分解为氨基酸后，通过血液进入肝脏合成葡萄糖后使血糖升高。蜂王浆有促进蛋白质的合成，促使氨基酸合成蛋白质，减少葡萄糖的合成，从而使血糖下降。蜂王浆除了降低血糖外，还有一定的辅助降血压作用，而且不会造成严重的低血压。另外，蜂王浆含有的磷质有降低血清胆固醇的作用，提高高密度脂蛋白含量和改善血液高凝状态，使血液中的胆固醇不致沉积在血管壁上，从而保护血管。

三、缓解氧化应激反应

研究表明，糖尿病患者在高血糖状态下产生过多的活性氧，同时，糖尿病患者的抗氧化能力下降。此外，活性氧在糖尿病心血管并发症的发展过程中也起到重要的调控作用。试验表明，蜂王浆能够减轻糖尿病氧化应激。通过对50位女性Ⅱ型糖尿病患者进行临床试验，发现蜂王浆能够显著降低血清中糖基化血红蛋白的水平，使胰岛素含量升高，并且使超氧化物歧化酶和谷胱甘肽过氧化物酶的活性升高，同时降低丙二醛的含量。

蜂王浆能够使谷草转氨酶、谷丙转氨酶和碱性磷酸酶的血清含量显著增加，同时，血清胰岛素、白蛋白、高密度脂蛋白胆固醇和总蛋白的含量显著下降。此外，蜂王浆可以增强肝脏和胰脏内三价铁还原抗氧化能力和过氧化氢酶活性，降低丙二醛含量，从而减轻氧化应激对糖尿病造成的损伤。

四、免疫调节作用

炎症反应在糖尿病及糖尿病并发症的发病机理中占有重要地位。在Ⅱ型糖尿病中，炎症因子TNF-α、IL-6等及炎症细胞在局部血管内皮中积累，引起内屏功能障碍，进而引发糖尿病并发症。试验表明，蜂王浆可用于治疗糖尿病与其具有免疫调节作用有关。通过体内和体外实验显示，王浆主蛋白3和脂肪酸具有较强的免疫调节作用。通过脂多糖刺激的RAW264.7细胞模型，发现蜂王浆中的三种脂肪酸：10-羟基癸酸、3-羟基癸酸和癸二酸可以通过有性分裂原激活的蛋白激酶（MAPK）和NF-KB信号通路调节炎症反应。

蜂王浆还能使人体内的免疫球蛋白水平明显提高，对骨髓、胸腺、脾脏、淋巴组织和整个免疫系统产生有益影响，增强人体的体液免疫功能，提高人体对恶劣环境的适应能力和人体抗病能力，有效抵抗不良因素的侵入，减少患病概率。对于有心脑血管并发症的糖尿病患者，蜂王浆辅助调节作用可以增强患者身体的免疫功能，保护组织器官，减少细菌和病毒感染的概率，调节血压、降低血脂、减少脂肪肝、冠心病等并发症的发生率。

五、对损伤组织的修护作用

蜂王浆对受损组织细胞具有再生作用。蜂王浆的这种促进组织细胞再生的作用，也可使胰岛β细胞本身代谢恢复正常，修复缺陷而发挥正常的降血糖作用。在糖尿病中，由于炎症、氧化应激、糖基化末端产物等的作用，常引起胰岛、肾脏、视网膜和其他组织损伤。研究发现，蜂王浆能减少渗出物和胶原蛋白的形成，进而起到抗炎和促进伤口愈合的作用。在伤口愈合过程中，蜂王浆能够加强成纤维细胞的迁移，并调节多种脂质代谢。

随着人们生活水平的提高，糖尿病患者数量逐年升高。世界卫生组织预测，2030年糖尿病将成为世界第七位主要死因；且糖尿病并发症的危险也有所上升，糖尿病视网膜病、糖尿病肾病和糖尿病大血管病变是失明、肾衰竭、心脏病发作的主要原因。

第三节 蜂王浆对肝脏疾病的作用

来自巴西的研究者评估了蜂王浆的摄入对慢性应激大鼠的皮质酮、血糖、血浆酶水平和肝脏抗氧化系统的影响。结果表明，蜂王浆能降低应激诱导后的皮质酮水平，改善血糖和其他指标，同时还提高了肝脏总抗氧化能力，表明蜂王浆具有生理调节和保肝潜力。蜂王浆中的4-过氧化氢-2-癸酸乙酯是一种王浆酸衍生物，具有较强的抗氧化活性，日本学者发现该物质能通过累积胞内ROS，诱导通路ROS-ERK-P38表达，从而促进人肺肿瘤A549细胞凋亡。另有一项研究探讨了蜂王浆对氯化镉（$CdCl_2$）致肝毒性的可能保护机制。结果发现，蜂王浆能通过上调Nrf2和抗凋亡蛋白Bcl-2的表达来预防肝损伤、氧化应激和炎症。因此，蜂王浆可作为抗$CdCl_2$毒性的肝保护剂。

浙江大学动物科学学院胡福良研究团队探索蜂王浆对卵巢摘除（OVX）大鼠非酒精性脂肪肝的干预作用及其可能的作用机制，取雌性180~200克SD大鼠55只，通过卵巢摘除手术建立更年期非酒精性脂肪肝动物模型，按血清雌二醇水平平均分为模型组、蜂王浆低、中、高剂量组及雌二醇（Es）组，另取同龄雌性SD大鼠10只进行假手术作对照组。蜂王浆低、中、高剂量组每日经口灌胃RJ 150毫克/千克、300毫克/千克、450毫克/千克，

Es 组每日经口灌胃 Es 0.012 毫克/千克，连续给药 8 周。观察各组大鼠行为学及肝脏病理学变化，检测血脂及谷氨酸氨基转移酶（ALT）、天冬氨酸转氨酸（AST）水平，以及肝脏中氧化应激标志物含量、抗氧化酶活性和节律基因的表达。结果表明，蜂王浆能有效抑制 OVX 大鼠体重及肝重增加，改善焦虑程度，减轻肝脏脂肪变性，降低血脂及血清 ALT、AST 水平，增加肝脏中抗氧化酶活性、降低 MDA、NO 含量。此外，qRT-PCR 分析发现蜂王浆能通过降低 OVX 大鼠肝脏中节律基因 Per1 和 Per2 的表达来改善昼夜节律紊乱。因此，蜂王浆对于 OVX 大鼠非酒精性脂肪肝具有保护作用，其作用途径可能与降低血脂、防止脂质过氧化和调控肝脏中节律基因表达有关。

一、蜂王浆对肝脏疾病的临床作用

蜂王浆对损伤后的肝组织有促进再生的作用。用蜂王浆治疗急性传染性肝炎，食用后患者各种症状 3~14 天内均有明显好转，肿大的肝脏在 3 周内明显缩小，血清转氨酶 10 天内下降 40 个单位以上或恢复正常，其他指数检查亦明显好转。从中医辨证分型来看，食用蜂王浆的肝病患者，以乏力型（有效率 68.7%）、食欲欠佳型（有效率 84.6%）、迁延型（有效率 90.5%）、慢性肝炎（有效率 71.4%）效果较佳。还有报告证实，蜂王浆对黄疸型传染性肝炎的疗效非常好，黄疸平均 4.5 天减少，6.8 天全部消失，肝脏肿大 4.3 天开始缩小，第 8 天恢复正常。

国内外一些医师以将蜂王浆用于传染性肝炎的治疗。李楚銮曾用王浆和蜂蜜的混合剂治疗 47 例传染性肝炎，其中 25 例疗效显著，18 例病情有所改善，其余 4 例无效。北京医学院曾用蜂王浆治疗急性传染性肝炎 22 例，成人每天服用 20 克，连续服用 60 天，用药后患者的各种症状在 3~14 天内均有好转。王浆对传染性肝炎的治疗作用可能与其刺激肝组织再生机能有关，也有人认为与其中含有的多种氨基酸及大量维生素的营养作用有关，而且蜂王浆无任何副作用。

二、蜂王浆对肝硬化的良好效果

蜂王浆含有丰富的蛋白质和 20 多种氨基酸，所含蛋白质中清蛋白约 2/3、球蛋白约 1/3，这与人体血液中清蛋白、球蛋白的比例大致相同；所含氨基酸大都是游离状态，易于被吸收利用，使体内蛋白质分解下降，肝功能也有明显改善，对肝硬化、营养不良有良好效果，并具有开胃健脾、利尿、消水肿的作用，对肝硬化腹水患者极为有利。

蜂王浆中有些氨基酸还有保肝作用，能帮助肝脏去除毒素，含量丰富的牛磺酸这一游离氨基酸，能促进胆汁的合成与分泌，对受损肝脏有促进恢复的作用，改善肝功能；蛋氨酸在肝内供给甲基保护肝脏。

蜂王浆所含的糖类能使肝糖原含量增加，促使肝细胞再生和防止毒素对肝组织的损害；所含丰富的 B 族维生素和叶酸等也有保护肝脏的作用，维生素 B 对合成肝糖原很重要，胆碱有驱脂作用，防止脂肪在肝中沉积。

总之，蜂王浆具有营养肝脏、修复肝脏损伤、促进肝细胞再生、增强肝脏解毒能力、提高人体免疫功能等综合作用，因而对肝硬化有良好的疗效，既能治标又能治本。

三、蜂王浆对肝脏疾病的作用机理

蜂王浆对肝脏病患者有辅助疗效作用，其作用机理主要有以下 6 个方面。

1. 增强免疫功能的作用

武汉市劳动卫生职业病防治院梁秀兰（1994）研究表明，慢性肝炎患者在服用蜂王浆后，反映机体细胞免疫水平的外周血淋巴细胞转化率升高，由服蜂王浆前的 62.44% 上升到服用后的 72.61%（$P<0.01$），使机体细胞免疫功能增强；服用蜂王浆血清球蛋白也升高，服用蜂王浆前后免疫球蛋白 G 由（9.1 ± 4.23）克/升增高到（12.73 ± 5.37）克/升（$P<0.01$），免疫球蛋白 A 由（1.97 ± 0.75）克/升增高到（2.83 ± 0.61）克/升（$P<0.01$），免疫球蛋白 M 由（0.95 ± 0.12）克/升增高到（1.43 ± 0.34）克/升（$P<$

0.05），增强机体体液免疫功能。

2. 抗菌抗病毒作用

蜂王浆中的王浆酸含量为2%左右，具有相当强的抗菌消炎、抗病毒和抗癌等作用。蜂王浆还含有丙种球蛋白，含量高达10单位/毫升，也具有抗菌、抗病毒和毒素的特性。近年来，日本学者在蜂王浆中又发现一种抗菌作用不亚于王浆酸的多肽，暂命名为王浆素，它对病毒、病菌、癌细胞的杀伤力十分强大，从而使蜂王浆的身价倍增，因而能有效的防治肝脏病。

3. 促进肝组织再生的作用

上海中山医院王赞舜等实验证明，蜂王浆可以促进肝细胞的再生。他们在大鼠肝组织部分切除后，每天口服2%蜂王浆3克，14天后多方检查证实蜂王浆组大鼠肝细胞再生旺盛，对肝组织损伤有修复作用。

4. 抑制贮脂细胞活化作用

国外有新观点认为肝脏病除病毒感染外，还因肝脏贮脂细胞活化后造成肝脏细胞广泛变化以及门静脉内压升高所致。中医认为，蜂王浆入心、肝、大肠三经，有破血祛瘀之功能，其作用机理因蜂王浆中含有亚油酸、花生酸，可抑制贮脂细胞的活化。另外，蜂王浆中的维生素E等可降低血浆胆固醇，增强血管弹性，改善肝内微循环，降低门静脉压，提高肝脏血流量，同时增加了肝细胞的血液供应。

5. 氨基酸等成分的特有作用

医学研究表明，蜂王浆在所含20多种氨基酸，不仅能增强免疫力，其中有些氨基酸还有保肝功能。如精氨酸就对肝脏疾病就很有好处，在肝硬化和脂肪肝中，它能中和肝脏所产生的过量的氨，因而能帮助肝脏去除毒素，如果人体内精氨酸严重缺乏再加上肝硬化会发生肝昏迷。牛磺酸这一含硫氨基酸，能促进胆汁的合成与分泌，对受损的肝脏有促进恢复的作用，改善肝功能；特别是对胆汁酸分泌功能尚未完善的新生儿，牛磺酸能改善与胆汁酸有关的脂肪代谢生理功能，减轻婴儿对脂肪的消化和吸收方面的负担，并促进小儿消化道内脂肪、钙等营养物质的消化和吸收。蛋氨酸在肝内供给甲基保护肝脏，是一种治疗肝炎及脂肪肝的药品。

蜂王浆中的胆碱与肌醇一起有抗脂肪肝的作用，被用于防治脂肪肝；维生素 C 能促进肝细胞再生及肝糖原的合成，增强肝脏合成蛋白的能力，促进新陈代谢，加强肝脏解毒能力；不饱和脂肪酸和磷脂类物质还能促进细胞再生，使受损的肝细胞膜得以及时修复。

6. 均衡营养和调节代谢作用

均衡营养有利于肝细胞的再生与修复，对肝病患者恢复健康是极为重要的。但日常一般食物难以满足，如果要想从一般食物中摄取均衡营养，足够供肝病患者恢复之用，要非常大量进食，而且吃的食物范围要极广，这并非一般人所能做到的，即使经济条件许可也要有极大的耐心去安排。因此最好的选择是服用蜂王浆，因为它性味甘、酸、平，有滋补、强壮、益肝之功效。蜂王浆中含有大量的蛋白质、氨基酸、维生素、糖类、酶类和微量元素等营养素，这对肝病患者来说是最佳的营养补充剂。同时，蜂王浆能有效地调节机体各种代谢功能，对消化系统作用尤为明显，可以调节胃肠功能，增加食欲及吸收能力，使受损伤肝脏尽快恢复正常功能，从而对肝病起到良好的治疗作用。

第四节　蜂王浆对心脑血管疾病的作用

一、心脑血管疾病的形成和危害

心脑血管病包括：动脉粥样硬化、高血压、冠心病（心绞痛、心肌缺血改变、心肌梗死）、脑供血不足、脑梗死、脑血栓形成后遗症（失语、肢体活动障碍）等。当今社会许多人都处在亚健康状态，有心悸、胸闷气短、失眠健忘、易疲劳、视力减退、听力下降、食欲不振、手脚麻木、血压不稳定、免疫力下降等不适症状，应高度警惕心脑血管病的发生。

在全世界最易导致人死亡的 10 种疾病中，心脏病、脑血管病分别位居首位和第三位，对心脑血管病的防治已受到世界的关注和重视。

二、蜂王浆对心脑血管疾病的疗效

食用蜂王浆对心脏功能有较好的作用，可有效调整其搏动速度，使收缩能力提高，心律恢复正常。蜂王浆有软化血管和调节血压的作用，尤其是贫血性血压偏低或功能性血压偏高的症状，效果尤为显著。蜂王浆有双向调节高、低血压的作用，能使高血压降低，低血压升高，使之恢复正常。蜂王浆还有降低血脂和胆固醇、防治动脉粥样硬化的功能。蜂王浆对缺铁性贫血患者也有理想的治疗作用。因为蜂王浆中含有铁和蛋白质等合成血红蛋白的原料，又有促进血液形成的维生素 B 的复合体，因此有强壮造血系统的作用。蜂王浆可使再生障碍性贫血、血细胞减少症、血小板减少等症的病人，机体状态得到改善，并能增加病人的白细胞和血小板数目。用蜂王浆治疗心律不齐、心率过快、心动过缓等症，也有很好的疗效。

三、蜂王浆对心脑血管疾病作用的机理

国内外的临床实践表明，在心脑血管疾病防治中，蜂王浆有良好的作用，主要作用如下。

1. 营养平衡作用

现代研究表明，引起心脑血管疾病的原因很复杂，主要有高血压、营养失调、肥胖、吸烟、缺乏运动、环境污染、饮食不当、其他疾病并发症等。而在这些因素中，营养失调是第一重要原因。因此，在心脑血管疾病防治中，根本是营养的均衡摄取，而蜂王浆中含有均衡的营养素，而且属生物活性物质，容易被人体吸收利用，这就是蜂王浆能对心脑血管疾病的防治产生良好效果的奥秘之处。

2. 维生素的作用

蜂王浆中含有 16 种以上的维生素，特别是 B 族维生素含量丰富，还含有维生素 A、维生素 E、维生素 C 等。在防治心脑血管病方面，B 族维生素

起着重要作用，美国明尼苏达大学阿伦·福尔瑟姆博士在对 759 名 46～64 岁中老年人进行跟踪调查后得出这样的结论：血液中维生素 B_6 含量高的人患心脏病的概率比血液中维生素 B_6 含量低的人少 2/3。此外，维生素 E、维生素 C、叶酸等对心脑血管病的防治也有重要作用。

3. 常量和微量元素的作用

蜂王浆中含有多种常量和微量元素，有防治心脑血管病的作用。如铜是人体必需微量元素之一，缺乏时可明显使血中胆固醇、甘油三酯及尿酸升高，容易导致冠状动脉粥样硬化而形成冠心病。常量元素钙对防治心脑血管病也有重要作用，据美国得克萨斯大学有关专家对一组 38～49 岁的成年人进行的补钙随机性试验结果显示，钙能帮助人体每天多排除 6%～13% 的饱和脂肪酸；高钙食物能使血总胆固醇降低，从而有效地减轻动脉硬化，起到保护血管、防治心脑血管病的作用。此外，微量元素硒、锌、铬等也有一定的作用。

4. 磷脂类的作用

近年来研究发现，蜂王浆中的磷脂有降低胆固醇的作用，因为磷质被小肠吸收入血液后，能使血液中胆固醇和脂肪颗粒减少；悬浮于血液中的胆固醇不至于沉积在血管壁上，所以临床医师认为，蜂王浆对血压有调节作用，对冠状血管疾病和动脉粥样硬化症有一定疗效。

5. 脂肪酸的作用

蜂王浆中至少含有 26 种游离脂肪酸，其中的亚油酸、花生酸等对高血脂患者有明显的降血脂效果，并有降血压、软化血管等作用。

6. 黄酮类化合物的作用

蜂王浆中有一定的黄酮类化合物，这类成分不仅能抗衰老、增强免疫功能，也有降低胆固醇、预防动脉粥样硬化的作用。

7. 磷酸化合物的作用

每 1 克蜂王浆中含有磷酸化合物 2～7 毫克，其主要组成是能量代谢不可缺少的 ATP（三磷酸腺苷），ATP 不仅是能量的源泉，而且对调节机体代谢、提高身体素质，防治动脉硬化、心绞痛、心肌梗死等病症有显著作用。

此外，研究发现蜂王浆内降压活性成分可能来源于蜂王浆中主要蛋白-1被胃肠道酶水解的产物；其水解后可分离出 11 种血管紧张素抑制性多肽，有一部分是由蜂王浆糖蛋白衍生而来的血管紧张素转换酶抑制剂；口服蜂王浆，产生的血管紧张素转换酶抑制剂增加，可以减少血管紧张素的产生，降低患者血压。

蜂王浆可以抑制甘油三酯的合成：蜂王浆中的 10-羟基-2-癸烯酸（王浆酸）具有抑制脂肪合成的作用。蜂王浆可以减少胆固醇的吸收：蜂王浆中含有丰富的固醇类物质，如谷固醇等，能与血中胆固醇竞争胆固醇受体，阻止食物中胆固醇的吸收，有助于降低血液中胆固醇的含量。

四、蜂王浆对于心脑血管病的临床应用

血脂异常是动脉粥样硬化的重要启动因子之一，蜂王浆含有大量的 10-羟基-2-癸烯酸（王浆酸），主要作用是清除人体内产生过多的自由基，减少氧化自由基的生成，减少氧化自由基对血管壁的破坏，延缓或防止动脉粥样硬化的形成。

苏联雅罗斯拉夫医学研究所对 16 名早期动脉粥样硬化患者做了三个疗程（每个疗程 10 天）的治疗，第一个疗程每天服王浆片 2 次，第二、第三疗程的剂量根据第一疗程的情况增减。结果在第一疗程后即表现出食欲增强，高血压趋向正常，心绞痛消失，第二、第三疗程得到了巩固。

日本学者井上丹治也报道了蜂王浆对心脑血管病的良好疗效。如田氏，滨松市人，1973 年秋，因脑软化症跌倒，留下右半身不遂和语言障碍后遗症。他曾于 1970 年因直肠癌做了大手术，当时医生认为有 40% 的挽救可能性，由于手术后服用蜂王浆，一开始就见到奇迹般的恢复作用，继续服用后 8 年都未复发。其后因注意不够复发了脑软化症，突然出现尿闭，最后进入了尿毒症。因 80 岁高龄，一时想不出好的办法，只好再大剂量服用蜂王浆，一天 15 匙，将一周量在 3 天吃完，结果使濒死的老人在第四个月出院。

北京医学院采用蜂王浆胶囊治疗高血脂 51 例，效果显著，治疗 2 个月后化验血象，胆固醇由 287 毫克/分升降至 238 毫克/分升，甘油三酯由 252 毫克/分升降至 134 毫克/分升，高密度脂蛋白与胆固醇百分比由 24 升到 27，充分显示了蜂王浆的疗效。北京化工医院，用蜂王浆冻干粉对 60 例患者进行临床观察，服用 1~3 个月，经临床观察，疗效显著。其中一位男性高血脂患者，病史 10 年，脂肪肝和冠心病有 3 年病史，胆固醇和甘油三酯均高于正常值，经 1 个月服用蜂王浆冻干粉后，各项指标均正常。

我国在用蜂王浆治疗心脑血管病方面报道的病例也很多。

典型病例 1：朱某，男，60 岁，患脑血管硬化，曾经休克，身体极度衰弱。服用半年后，免疫功能增强，食欲旺盛，精神饱满，面色红润，脑血管硬化症无影无踪。

典型病例 2：刘某，男，60 多岁，患有冠心病、胃病、鼻炎、咽炎。1993 年秋开始服用蜂王浆，3 个月后所有病情减轻，半年后冠心病、胃病不需再服药。

典型病例 3：沈某，男，62 岁，河南省南乐县人，1993 年 2 月 16 日突然发病，确诊为脑血栓，治疗数月，花医药费万余元，虽缓解了病情，但依然舌根发硬，口齿不清，右半身麻木，到 5 月仍无改善。后开始服用蜂王浆，半月后病情好转，9 月下旬复诊已基本痊愈。

第五节　蜂王浆对神经系统疾病的作用

蜂王浆是一种成分极复杂的纯天然物质，富含蛋白质、乙酰胆碱、磷脂、抗氧化剂、维生素等，在预防及治疗神经系统疾病方面有其独特的功效，可以迅速改善患者的食欲和睡眠，自觉症状明显减轻或全部消失，全面提高脑力及身体素质。神经系统疾病多为慢性病，一般食用蜂王浆后一个星期即可见效，快者 3~5 日可见好转，不仅症状减轻，病人体重逐渐增加，贫血改善。从蜂王浆对气血两虚型病人的疗效来看，蜂王浆起到了补气养血的作用，从而能改善睡眠，有利于恢复大脑皮层的活动功能。

蜂王浆对精神分裂症有不同程度的疗效。临床实践证明，蜂王浆对抑郁型、单纯型、青春型等类型精神病的疗效较好，而对妄想型、幻觉型等类型的疗效次之。食用蜂王浆还可以抑制癫痫病的发作。蜂王浆还可以治疗神经官能症、坐骨神经痛、寰椎神经痛、肌痛、臂感觉异常、自主神经张力障碍等神经系统疾病。

大量实践表明，蜂王浆可以增强记忆力、消除睡眠障碍、提高睡眠质量、减轻头痛头晕、改善机体的神经系统功能；实验证明蜂王浆具有抗氧化、降低组织脂质过氧化水平的作用，以及神经保护作用。

波兰研究者探讨了蜂王浆对中枢神经系统的作用。他们在给予老年雄性 Wistar 大鼠 2 个月的希腊蜂王浆后，测定了脑中的氨基酸水平以及肾脏和肝脏活动的基本生化参数。结果显示，蜂王浆给药对肝肾功能无影响，但蜂王浆处理后的大鼠在纹状体和下丘脑中均可发现氨基丁酸浓度降低，证明蜂王浆对中枢神经系统的神经传导功能具有一定的影响。

北京大学人民医院研究团队在武汉市黄陂区分别对 185 例蜂农及其配偶和 177 例普通农民进行了首次相同内容的问卷和体检。通过对蜂农组和农民组合并，并按吃蜂王浆和不吃蜂王浆分组后，两组人群的初步统计结果显示，在对反映中老年人智力退化程度进行的各项认知功能检测方面，吃蜂王浆组的得分远远好于不吃蜂王浆组，两组之间差别经检验有统计学意义。

一、蜂王浆改善学习记忆能力

蜂王浆中含有优质蛋白质，20 多种氨基酸，16 种以上维生素，26 种以上的游离脂肪酸，多种活性酶，能为大脑提供充足的、全面平衡的营养素；蜂王浆中的 DNA、RNA 还能补充体内因核酸不足造成的机体衰老；蜂王浆中的牛磺酸，是大脑神经元之间相互传递信息的介质，并能促进神经元核糖核酸蛋白质的合成、神经元网络的形成和延长大脑神经元存活的时间；蜂王浆影响细胞内信号通路，引起海马长时程增强，改善学习记忆能力。

Noriko 等利用三甲基氯化锡（TMT）进行 AD 小鼠造模，蜂王浆处理 6

天可以增加齿状回神经颗粒细胞的数量，改善认知功能。利用脑室内注射STZ 进行 AD 大鼠造模，蜂王浆处理 10 天后进行行为学观察，发现与对照组相比，蜂王浆可以改善模型大鼠的记忆和学习能力。脑室内注射 STZ 会使得神经元内胰岛素受体脱敏，而蜂王浆可以通过改善胰岛素抵抗对学习、记忆和认知功能进行保护。

Peng 等给予 SD 大鼠腹腔注射 D-半乳糖形成亚急性衰老模型，连续灌胃蜂王浆 90 天可以明显改善大鼠的空间记忆行为，增加脑组织中去甲肾上腺素和多巴胺的含量，由此推测蜂王浆可通过调节单胺类神经递质的合成来提高大鼠的学习记忆能力。另外，蜂王浆冻干粉也可通过发挥抗氧化作用改善 D-半乳糖对动物脑组织的损伤。

二、蜂王浆对老年性痴呆的防治作用

在严重危害老年人健康的老年性痴呆症（阿尔茨海默病）预防和治疗中，目前尚无特效治疗方法，据报道坚持服用蜂王浆可以明显改善症状，有显著的防治效果。蜂王浆中的超氧化物歧化酶（SOD）是自由基的主要清除剂，也是目前最为重视的酶类清除剂之一；蜂王浆中的活性物质——乙酰胆碱的含量较丰富，在人体内可以直接被吸收利用，口服蜂王浆，可以提高体内乙酰胆碱的水平。

阿尔茨海默病是蜂王浆研究的重点和热点，日本学者采用海马神经元原代培养，发现蜂王浆能有效促进神经保护系统相关神经元的转录和免疫反应活性，首次证明蜂王浆具有激活海马生长抑素-神经内肽酶保护系统的潜力。另外，来自浙江大学的研究团队应用 BV-2 细胞神经炎症模型发现蜂王浆能在 mRNA 和蛋白水平上显著抑制 iNOS 和 COX-2 的表达，降低炎症相关因子的水平。蜂王浆还能减少氧化应激对 BV-2 细胞的损伤，减轻炎症反应，表明蜂王浆可以延缓神经炎症的发展。

浙江大学的研究团队还发现蜂王浆可以显著降低阿尔茨海默病兔模型中血浆总胆固醇（TC）和低密度脂蛋白（LDL-C）水平，增强神经元的代谢活动。通过免疫组显示蜂王浆可以显著改善阿尔茨海默病兔模型中的淀粉样蛋白沉积，减少 β-淀粉样蛋白（Aβ）水平。进一步的研究显示蜂王浆可以降低高级糖基终产物受体的表达水平，增加低密度脂蛋白受体相关蛋白的表达水平。此外，蜂王浆通过增加 n-乙酰天冬氨酸（NAA）和谷氨酸盐（glutamate）以及降低胆碱和肌醇来显著增加神经元数量，增强抗氧化能力，抑制 capase-3 蛋白表达。这为蜂王浆在预防阿尔茨海默病等神经退行性疾病中的应用提供了理论依据。

Hironori 等研究发现蜂王浆可以提高 PCI2D 细胞中 CRE 调控的基因转录水平，并具有浓度依赖性。研究发现，蜂王浆/蜂王浆酶解产物可以减少模型线虫体内 AB 的种类并减弱其毒性，延缓机体瘫痪的进程，通过 RNAi 技术对 DAF-2、DAF-16、HSF-1、SKN-1 以及 AGE-1 基因进行沉默处理，发现蜂王浆/蜂王浆酶解产物发挥调控 A13 毒性的过程需要 DAF-16，而与 SKN-1 和 HSF-1 没有关系。蜂王浆/蜂王浆酶解产物是通过胰岛素/胰岛素样生长因子信号通路（IIS）来对 DAF-16 进行调控的。

首都医科大学附属北京天坛医院初步研究了蜂王浆对衰老及阿尔茨海默病的作用，细胞活力是细胞衰老与否的一个标志，蜂王浆具有明显升高细胞活性。和低浓度蜂王浆相比，高浓度蜂王浆在各个时间点都能更好地提高细胞活性，表明蜂王浆在延缓衰老及防止阿尔茨海默病方面具有一定的作用。

三、蜂王浆对神经系统脱髓鞘疾病的作用

蜂王浆中含有的磷脂成分是神经系统髓鞘的重要组成部分，服用蜂王浆后，其中的磷脂成分可以参与到髓鞘的再生，对神经系统脱髓疾病的康复有重要的意义。

四、蜂王浆对神经系统疾病的康复作用

蜂王浆能够促进神经干细胞的增殖，增生的 NSC 可以重新分化为神经元和神经胶质细胞，对神经系统疾病的康复有重要意义。

五、蜂王浆对神经系统退行性疾病的作用

蜂王浆能够促进胶质细胞分泌胶质源性神经营养因子，减少神经元损伤，对神经系统退行性疾病有显著的治疗作用；蜂王浆对神经系统疾病的治疗和康复有重要的研究价值及应用前景。

第六节　蜂王浆对营养不良症的作用

一、蜂王浆适用于营养不良症

蜂王浆中含有极其丰富而且种类全面的营养物质，对人体起到补气养血的作用，对各种营养不良症均有良好的治疗效果。营养不良患者体质虚弱，对疾病的抵抗能力很差，易患伤风感冒、气管炎、扁桃腺炎等常见病且精神脆弱，食用蜂王浆，可补充患者身体所缺乏的营养素，可加强体质，调节自主神经，促进食欲和营养吸收。

蜂王浆对营养不良性浮肿也有显著疗效，患者食用蜂王浆1周左右，可使乏力、四肢麻木、食欲不振和浮肿等症状减轻或消除。蜂王浆作为营养品可用于各种疾病的病后恢复，使恢复期大大缩短，并能有效预防旧病复发。

蜂王浆对病态婴儿和儿童生长停滞有良好的治疗作用。患有严重营养不良的乳儿，经用蜂王浆治疗后，很快得到改善，体重迅速增加。蜂王浆对因可逆转的代谢病，或因感染或营养不良引起的儿童生长迟滞，治疗效果更好。

二、蜂王浆适用于营养不良症的机理

蜂王浆中含有丰富的蛋白质、脂肪酸、氨基酸、维生素、酶类、无机盐和微量元素等营养物质，有调节人体各种生理功能和增加营养的作用，

它们能满足人体正常生长发育的需要，能治疗因缺少某种或几种营养成分而引起的营养不良症。蜂王浆还能刺激食欲，帮助患者从其他食物中摄取养分。对各种营养不良患者均有良好的治疗效果，尤其是对婴幼儿营养不良症更有效，体质衰弱的儿童易患伤风感冒、少食、口腔炎、气喘、扁桃体炎、神经衰弱等症状，但连续服用蜂王浆一周后，病体就有明显好转和改善，症状减轻或消失。这是由于服用蜂王浆除了弥补身体所需的营养素外，还能解除贫血和自主神经失调，促进蛋白质代谢，增强身体的抗病能力。

综合来看，蜂王浆促进生长发育有以下几方面的原因：其一，蜂王浆含有丰富的、种类全面的氨基酸，氨基酸是合成蛋白质的基础物质，尤其蜂王浆中含有许多人体不能合成的，需要从食物中摄取的必需氨基酸，对人体各组织、各器官的生长发育有促进作用。其二，蜂王浆可使血蛋白（血色素）以及红细胞增加，从而促进造血功能。其三，蜂王浆有加强基础代谢和提高组织呼吸能力的作用。

三、蜂王浆适用于营养不良症的案例

国内外的实践证明，蜂王浆对患病婴儿有极好的促进生长发育作用，婴儿服用了蜂王浆后，改善了营养状况，增强了抗病能力，加之蜂王浆特种成分的作用，可使生长迟缓的婴儿很快回复发育进度，体重迅速增加。

意大利普罗斯派里等早在 1956 年就证实了用蜂王浆治疗婴幼儿发育不良的效果，他们通过对 42 例发育不良患儿给予蜂王浆治疗，其中 5 例早产的新生婴儿和 37 例体弱多病的较大婴幼儿服用蜂王浆，可很快使患儿血红蛋白增加，血浆白蛋白恢复正常，肌肉充实，体重增加。北京友谊医院儿科对虚弱婴儿给予蜂王浆治疗，发现与对照组有明显差异，表现在头发由少而黄变为多而黑，大便由不成形变为成形，脸色苍白变红润。对缺铁性贫血的儿童服用蜂王浆，也取得理想的治疗效果。

苏联临床医务工作者发现蜂王浆对因母亲妊娠时患病而引起的婴儿营

养不良，也有很好的治疗作用。意大利佛罗伦萨城的一个教授，用蜂王浆治疗营养不良引起发育迟缓的 3~15 岁少年儿童 206 名，经一个月治疗后，用浆组平均体重增加 7.55%，对照组平均体重只增加 3.4%。蜂王浆除对婴幼儿营养不良有明显疗效外，对成人因各种疾病所引起的营养不良也都具有显著的疗效。

国外许多临床观察证明，对早产儿及患严重营养不良症的婴儿，每日口服 8~100 毫克干蜂王浆，经 20~60 天后，就可使患儿体重明显增加。尤其是那些患有可恢复性新陈代谢紊乱的病人以及因感染等所致全身营养不良者，治疗效果最好，而对因内分泌疾患而导致生长迟滞者效果较差。

第七节　蜂王浆的其他医疗临床应用

一、蜂王浆对老年疾病的作用

老年病患者食用蜂王浆一段时间后，明显感觉食欲增加，精神好转，血压正常，体力和精力得到提高，面色红润，老年斑和皱纹明显减少。坚持食用蜂王浆还可预防、治疗老年动脉粥样硬化，减少血栓的形成和心肌梗死的发生。

更年期综合征是人体开始进入老年期时出现的一种疾病，是由于人体内分泌紊乱及自主神经机能失调所引起的常见病，主要症状表现为：心情抑郁烦闷、脾气古怪暴躁、腰酸骨痛、食少失眠、头昏眼花、疲劳无力、性欲下降等。蜂王浆可以延缓内分泌腺体的衰退，促进内分泌机能，延缓更年期的到来，减轻更年期综合征的症状反应，使性功能得到增强和恢复。

二、蜂王浆对胃肠道疾病的作用

萎缩性胃炎是常见病之一，对人体的危害较大。食用蜂王浆后，病情不同程度地得到改善，症状明显好转，食欲增加，睡眠改善，精力旺盛，体重增加，胃液检查胃酸明显增加。食用蜂王浆可使胃炎减少复发，消化机能提高。另外，胃及十二指肠溃疡、慢性胃炎、无食欲、恶心、胃下垂等病症，经过食用蜂王浆调理后，症状均可得到缓解。

三、蜂王浆对口腔疾病的作用

复发性口疮是发生在口腔黏膜上的疼痛性溃疡，用蜂王浆治疗复发性口疮，治愈率达69.7%。患者食用蜂王浆止痛迅速，可以大大缩短溃疡期，经常食用，可有效减少口疮复发。口腔黏膜扁平癣是口腔黏膜上的一种慢性、潜在、非炎性疾病，为口腔科常见的复发病之一，目前尚缺乏有效的治疗方法，多有久治不愈的现象，使用蜂王浆收到较好的治疗效果，总有效率为91%。蜂王浆治疗牙周炎的效果也较好。各种蜂王浆制剂对消除充血糜烂作用迅速，治疗过程中无痛苦，疗效显著。

四、蜂王浆对皮肤病的作用

牛皮癣是比较顽固的皮肤病，用鲜蜂王浆制成蜂王浆软膏进行综合治疗，可获得良好的效果，有效率达88%。临床上用蜂王浆治疗痤疮、褐斑、脂溢性皮炎、面部糠疹、老年疣、扁平疣等病，取得了80%以上的有效率。蜂王浆不仅有预防、治疗皮肤病的作用，而且有护肤效果，可使皮肤润滑、细腻、皱纹消失，故被广泛应用于化妆品中。同时，在脱发症的治疗中，由于蜂王浆含有多种氨基酸、维生素等重要营养成分，有利于头发的生长，特别是蜂王浆中的王浆酸（10-烃基-$\triangle$2-癸烯酸）对治疗脱发有独特的效果。

五、蜂王浆调理更年期障碍的作用

更年期障碍是由内分泌紊乱、自主神经机能失调引起，女性常表现为月经紊乱和闭经、头昏眼花、脾气暴躁、心慌、失眠、多疑、情绪不稳、肩沉腰痛、手脚发麻、异常疲劳等；男性则表现为体力欠佳、精力不足、反应迟钝、记忆力下降、性欲低下等症状。同时，原来潜伏在体内的某些疾病也会乘虚而起，如糖尿病、冠心病、高血压、血管舒缩综合征和骨质疏松症等。

为了使紊乱的内分泌尽量恢复正常，同时减缓和治疗已经出现和即将降临的危害，我们就要对机体进行人为干涉。人为干涉的方法基本有两种，一是从外界输入某些物质代替内分泌系统的产物，从而起到内分泌产物所起的作用；二是调整内分泌系统，使其恢复应有的功能。蜂王浆中含有多种丰富的营养物质，在人情绪烦躁、心情欠佳或因工作压力太大而不能很好地进食时，食入一定量的蜂王浆可为机体提供充足而全面的营养补充。

蜂王浆营养丰富，能够调节内分泌系统和神经系统，及早食用，可减轻和延缓甚至消除更年期综合征。蜂王浆中含有微量的可以调节生理机能、激活和抑制某些器官生理变化的激素，主要有保幼激素、17-酮固醇、17-羟固醇、雌二醇、睾酮、孕酮、肾上腺素、类胰岛素样激素等。

六、蜂王浆防止骨质疏松

由年龄增长所致的体内性激素突然减少及生理性退行性病变是导致骨质疏松的最主要原因。蜂王浆与蜂王浆酶解产物均可以降低骨丢失程度，增加胫骨骨骼矿物质密度（BMD），促进肠道对钙的吸收，作用效果与17-B雌二醇接近。蜂王浆能显著提升腰椎和股骨近端BMD水平，显著增加骨组织的碱性磷酸酶和磷酸盐水平。

研究发现蜂王浆可以刺激MC3T3-E1小鼠成骨细胞增生，促进胶原蛋白的生成，但是雌二醇并不能促进胶原蛋白的生成，说明蜂王浆并不是通过雌激素样作用来促进胶原蛋白生成的。正常雌性小鼠连续9周服用蜂王浆，胫骨中灰分含量增加。对小鼠进行DNA微阵列分析，结果显示，饲喂蜂王浆的小鼠体内与细胞外基质形成有关的基因表达上调；对小鼠基因进行相对定量，发现蜂王浆处理可以促进原胶原骨1α1基因的表达。以上结果表明，蜂王浆可通过作用于成骨细胞促进骨生成，防止骨质疏松。

七、蜂王浆降低肌营养不良症发病率

随着年龄的增长，生长激素（GH）、性激素（睾酮和雌激素）、胰岛素（INS）等激素水平逐渐下降，严重影响了肌肉蛋白的结构和功能，从而诱发肌营养不良症。蜂王浆及蜂王浆酶解产物可以防止衰老小鼠骨骼肌重量下降，增加卫星细胞数目，提升受损肌肉的再生能力并提高血清中胰岛素样生长因子（IGF-1）水平。

蜂王浆酶解产物作用于衰老小鼠中分离的卫星细胞，结果发现蜂王浆可以增加细胞增殖率、促进细胞分化，激活细胞内 Akt 信号转导通路。由于 IGF-1 对于保证骨骼肌重量具有重要的意义，而蜂王浆及其酶解产物均可以促进 IGF-1 的生成，因此研究人员推测蜂王浆及其酶解产物就是通过 IGF-1 发挥作用的。

老年人血清中 IGF-1 水平下降可以作为营养失调的指标，因此蜂王浆和蜂王浆酶解产物能够促进 IGF-1 生成的原因可能是丰富的维生素、氨基酸、矿物质等的存在使患者营养平衡，从而降低肌营养不良症的发病率。

第五章

蜂王浆的保健美容作用

第一节　蜂王浆的保健滋补作用

蜂王浆全面的营养成分及均衡的比例，使蜂王浆在保健品上成为新热点。随着现代生活的节奏加快，给不同阶层的人带来了不同的压力，处于亚健康状态的人越来越多，且越来越趋于年轻化。而蜂王浆可用于改善人体亚健康状态，增进食欲，改善睡眠，提高记忆，使人精力旺盛，活力充沛，可用于抗衰老、抗辐射、提高免疫力等保健食品，更加适合亚健康人群、老年人、高辐射工作条件下的工作人员及运动员等。

蜂王浆具有独特的生理功能，苏联 Razan 医学研究所的 N. A. Troizky 博士、A. A. Nisor 博士、V. F. oupatcher 博士认为，蜂王浆可作为人体的兴奋剂，它可使全身状况得到改善，使人精力充沛，体力和脑力均得到加强，情绪得到改善。对于老年人，蜂王浆可使记忆力和视力得到改善，对动脉硬化、狭窄心肌炎、溃疡和身体虚弱均有良好疗效，增强新陈代谢和造血功能，提高免疫力，对于贫血、白细胞减少症等都有不同程度的疗效。蜂王浆的主要成分都是动物组织器官生长发育所必需的营养物质。这些物质易于吸收，被人体利用。因此，蜂王浆是滋补强身的佳品。

一、蜂王浆在人体保健上的应用

蜂王浆的神奇功效为其提供了广阔的应用前景。临床上，蜂王浆可用于提高体弱多病者对疾病的抵抗力；用于治疗营养不良和发育迟缓，调节内分泌，治疗月经不调及更年期综合征；作为治疗高血压、高血脂的辅助用药，防治动脉粥样硬化和冠心病；用于治疗创伤、促进术后伤口愈合；作为抗肿瘤辅助用药并用于放疗化疗后改变血相、升高白细胞等。

作为功能性保健品，蜂王浆可用于改变人体亚健康状态，可增进食欲，改善睡眠，使人精力旺盛，活力充沛；用于特种行业，如高、低温作业，可提高人们抵御恶劣环境的能力；用于高辐射条件下的工作人员，可削弱放射性射线对人体造成的伤害；用于超负荷运动项目，可大大增加运动员耐力，迅速恢复体力，提高向极限挑战的能力。

二、蜂王浆既能治病又可滋补

对病重体弱的患者，无论中医或西医只能先治病，等病愈后方可慢慢滋补复壮。而用蜂王浆治病，由于它既具有多种药用功能又富含蛋白质、氨基酸、维生素、微量元素、酶类等营养素，在治疗过程中两者能巧妙结合，使治病、滋补同时进行，在疾病治好的同时身体也能强壮起来。

三、蜂王浆是运动员的理想营养品

蜂王浆被医学和营养界公认为天然高级营养滋补品，对运动员来说是一种功效卓著的体力增强剂。美国有一种为举重运动员、角力士和田径运动员办的体育杂志叫《肌肉的力量》，在1958年4月的一期上就有一篇文章专门论述蜂王浆对运动员的作用，并明确指出蜂王浆能阻止身体的退化，使中老年人"返老还童"。因为它能增进活力，使头脑稳定，恢复关节弹性，因此，蜂王浆是美国运动员的重要营养补充剂。加拿大多伦多体育学会同意把蜂王浆当作营养品给运动员食用。其实运动员在墨尔本奥运会比赛时及训练中已经使用蜂王浆。

科学研究和分析表明，蜂王浆含有磷酸化合物（1克蜂王浆含2~7毫克），其中1~3毫克是能量代谢不可少的三磷酸腺苷（ATP）。举重运动员能在瞬间把几百千克的杠铃凌空举起，主要是它的作用。兔子在田野能快速奔跑也是兔子腿肌中ATP含量很高。此外，蜂王浆中的游离脂肪酸、类固醇素及多种常量、微量元素等，不仅能补充人体必需的营养成分，还能调节生理机能和机体新陈代谢，改善心肺功能和增强免疫功能。实践证明，蜂王浆是体力极度消耗后的最好强力补充剂，并能增强运动员的体力和耐力，使之保持良好的竞技状态，因而成为运动员的理想营养品。

第二节　蜂王浆的美容效果及机理

一、蜂王浆的美容效果

蜂王浆在美容上也有极好作用。大量试验与长期实践证实，蜂王浆有护肤、美颜及营养、滋润皮肤的作用，并可预防和治疗多种皮肤病，其养颜效果具有真实、自然、持久等特点。长期服用蜂王浆的人，不仅身体健康、精力充沛、寿命延长，而且皮肤也变得白嫩细腻，头发黑亮，脱发断发及面部雀斑等逐渐消失，可以说蜂王浆是一种理想的美容剂。

蜂王浆中含有多种蛋白质、氨基酸、维生素等丰富的营养成分，无论内服还是外用均有良好的美容效果。将蜂王浆、蜂花粉和少量蜂蜜以一定比例混合、搅匀，用于洗脸或做面膜可使皮肤看起来柔嫩、美观、健康。此外，蜂王浆还具有抗菌、消炎、抗辐射的作用，可预防皮肤感染、发炎及辐射损伤，阻止皮肤黑色素的形成。

二、蜂王浆的美容方法

美容的方法一般分为保健美容、化妆美容和医学美容。保健美容通过运动、按摩、服用保健食品、适宜的养生方法，使人体内部机能协调，自身修复皮肤缺陷；化妆美容通过将化妆品敷于体表，通过改变色泽、气味和遮盖瑕疵，主要起装饰性的作用；医学美容则是通过药物与机体的作用，产生药剂学、药物代谢动力学和治疗学变化的过程。

蜂产品美容自古有之。与其他美容产品不同的是，蜂产品可以内服与外敷。内服，是中医美容的主要方法，内服蜂产品可以增强机体体质，获得健康状态的皮肤。将蜂产品经过合理的工艺制成化妆品，外敷于皮肤，通过皮肤的吸收，达到使皮肤健康的目的。还可以制成药物，达到治疗的效果。

蜂产品来自天然，美容效果明显，安全、无毒副作用，符合当今人们追求天然、健康、安全的潮流。目前，市场上已经有多种专用于美容的蜂产品制品，如增强体质的保健食品、蜂产品化妆品、蜂产品为原料的药物。

三、蜂王浆在人体美容上的应用

人类在很早以前就知道用蜂王浆来进行美容。根据历史记载，著名的埃及艳后克里奥佩特拉（是当时被誉为最美丽的女人）就用蜂王浆来进行美容，并要求女仆保守这个秘密。蜂王浆含多种无机盐，能促进肝糖释放，促进代谢，可以被人体的表皮吸收，营养表皮细胞，促进和增强表皮细胞的生命活力，改善细胞的新陈代谢，加速代谢物的排出，减少代谢产物的堆积，减少色素沉积，防止弹力纤维变性、硬化，滋补、营养皮肤，使皮肤柔软，富有弹性、光泽、细腻，还可以消除皱纹和推迟皱纹的出现，推迟和延缓皮肤老化。蜂王浆在化妆品上的应用主要是作为特效成分调入护肤品中，平常人们也可用稀释的蜂王浆来擦拭皮肤，女性也可用蜂王浆来做面膜。同时，蜂王浆还可预防和治疗多种皮肤病，对面部雀斑、黄褐斑等皮肤病疗效显著，有效率达 85%以上。

四、蜂王浆的美容机理

蜂王浆绝大部分成分易溶于水，容易在水中乳化，极易为人体吸收。蜂王浆中的有机酸使其成为弱酸性，比重 1.08。内服蜂王浆，可以起到增强机体免疫力、促进组织再生、抗氧化等药理作用。外敷蜂王浆化妆品，蜂王浆中的水溶性物质，可借助具有良好透皮性能的物质，达到皮肤深部，从而发挥其防止黄褐斑、粉刺、去除过多的皮肤油脂、促进皮肤再生等美容功能。

蜂王浆中大量的蛋白质、糖类化合物、矿物质，可以快速地为人体补充能量，抗疲劳，增强人体免疫力；蜂王浆中的不饱和脂肪酸、维生素类、酶类则可以去脂、去自由基，抗氧化，从而可以防止黄褐斑、去除粉刺、去除过多的皮肤油脂、防止伤口出现疤痕。蜂王浆中的不饱和脂肪酸、矿物质、抗菌蛋白等成分，具有抗菌、促进伤口愈合的作用。将蜂王浆涂于伤口表面，则可以防止伤口感染，促进伤口愈合和防止伤口疤痕。

　　蜂王浆因为蛋白质的存在，而部分不溶于水，影响有效成分的吸收利用，为了便于吸收，将蜂王浆中的蛋白质进行水解或者脱除，制成水溶性蜂王浆用于美容产品中，可以增加皮肤对蜂王浆有效成分的吸收，提高美容效果。

　　蜂王浆之所以能有如此神奇的美容作用，根据"秀外必先养内"的中医理论，可以从它的营养成分分析中找到答案。分析表明，蜂王浆中含有人体必需的蛋白质，其中清蛋白占 2/3，球蛋白约占 1/3；含有 20 多种氨基酸，16 种以上的维生素，多种微量元素以及酶类、脂类、糖类、激素、磷酸化合物等，还有一些未知物质。

　　蜂王浆外用通过皮肤吸收，可直接美容肌肤。因为蜂王浆含有丰富的生物活性物质，这些物质极易被皮肤吸收利用，进而促进皮肤血液循环，滋润皮肤防止皱纹，以利皮肤恢复生机，使皮肤在生理上保持自然，面容滋润而富有弹性。

　　实践证明，每天早晚两次用鲜蜂王浆涂抹面部，可使皮肤柔嫩，推迟皮肤老化，减少色素形成，有利于消除青春痘等。解放军总医院皮肤科虞瑞尧统计，北京的七家医院对加入 0.5% 蜂王浆系列化妆品进行临床疗效观察，治疗 300 例痤疮、褐斑、脂溢性皮炎、面部糠疹、老年疣、扁平疣等病，有效率近 80%，无一例发生副作用。

　　深圳市人民医院曾广灵，用鲜蜂王浆 1～2 克置于手掌中，再加少量温水调匀后涂抹在皮肤上，不仅能使面部皮肤光泽、增白、消除褐色斑，减少面部皮肤皱纹，而且可以治疗更年期综合征。四川省合江县医院王永平等，用蜂王浆软膏对制丝职业皮肤病——"缫丝性手皮炎"进行对照观察治疗 40 例，有效率达 100%；在 12 个省的制丝厂对 6 761 例预防观察，预防效果总有效率 98.41%。充分显示蜂王浆防治兼优、标本兼治、无副作用等独特优势，至今国内尚无同类制剂相比拟。

总之，经常服用蜂王浆不仅能健身、祛病、延年益寿，而且能防治皮肤病和养颜美容，如同时用蜂王浆涂抹面部，其美容效果更佳。所以说蜂王浆是既可以服用又可以外抹的一种安全、高效的天然美容佳品。

对于女性来讲，延缓衰老的关键时期是在 36 岁以后。女性从这个年龄开始，体内雌激素的含量降低，而雌激素是女性风采的生命线，肌肉的弹性和润泽都因含有一定量的雌激素而得以保持。

鲜蜂王浆由 100 多种成分组成。其中，大量的氨基酸、维生素和微量元素能完善人体营养，满足人体需要，丰富高效的活性酶类和有机酸，可协调分泌，平衡机体，从而起到改善睡眠、增强体质、治疗疾病的作用。蜂王浆中所含有的抗肿瘤抗辐射作用的王浆酸为其在自然界所独有，另含 3% 目前尚未探明的奥秘"R 物质"可以起到调节代谢、活化机体的神奇保健作用。

第三节　蜂王浆的美容验方

蜂王浆具有很高的营养价值，一直是十分珍贵的营养品。高营养价值的蜂王浆其实也是美容护肤的极佳材料，以下是一些利用蜂王浆美容护肤的方法。

一、蜂王浆除皱护肤膏

配方：鲜蜂王浆、白蜜。

用法：取鲜蜂王浆和白蜜适量，以 1 ∶ 2 的比例调匀，晚上洗完脸之后取约黄豆大小的适量本品以 1 ∶ 5 的比例稀释，均匀涂抹于面部，约 20 分钟后以温水洗净。

功效：增加面部肌肤的弹性与光泽、锁住水分，具柔肤与去除死皮之功效，本品适用于肤色晦暗、干性肤质的人群。

二、蜂王浆粉面膜

配方：鲜蜂王浆 5 克、淀粉 10 克、氧化锌 2 克。

用法：用清水适量调拌成均匀糊状，每日早晚洁面后取适量本品擦涂面部或点擦局部，半小时后洗去，每日 1 次，30 天为一个疗程。

功效：润肤玉颜、防皱，治疗和预防痤疮。

三、蜂王浆蜂胶美容膏

配方：鲜蜂王浆、蜂胶液适量。

用法：每晚洁面后取 1 克鲜王浆置于手心，加矿泉水数滴，再加蜂胶液数滴，调匀后涂于面部，轻轻按摩，第二天清晨洗去。

功效：抗菌消炎，滋润皮肤，减少面部皱纹，保持光泽与弹性。

四、蜂王浆甘油祛痘膏

配方：鲜蜂王浆和甘油以 1：2 的比例混合调匀，避光保存或冷藏。

用法：每日早晚洁面后擦脸并按摩。

功效：保持面部皮肤光洁红润、富有弹性、防止痤疮等。

五、蜂王浆祛粉刺柠檬蜜

配方：蜂王浆 10 克、柠檬汁 8 克、白蜜 7 克混合调匀。

用法：每晚洁面后，取本品 3 克涂擦面部加以揉搓，第二日清晨以清水洗去。

功效：养颜、净面、驻容，柔嫩细腻肌肤、有益于面部粉刺消退。

六、蜂王浆蛋清洁面乳

配方：蜂王浆 50 克、蛋清若干混合调匀冷藏。

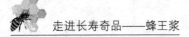

用法：温水净面后，取本品 3 克左右涂于面部，约 30 分钟后洗去，每日 1 次。

功效：营养滋润皮肤，使皮肤红润细白。

七、蜂王浆护发液

配方：蜂王浆 5 克、牛奶 5 克调匀。

用法：洗发后将之涂擦头部至发根，分布均匀并轻轻顺时针按摩，停留 30 分钟后洗去即可。

功效：养发护发、乌发生发，可使头发黑亮富有弹性，有效防止断发、黄发的发生。

八、蜂王浆增白去皱粉

配方：蜂王浆、破壁花粉、蜂蜜各 20 克混合调匀制成膏。

用法：每晚洁面后取少量本品涂擦面部，第二日清晨洗去。

功效：营养肌肤、增白养颜、美容去皱。

九、蜂王浆姜汁丰眉

配方：蜂王浆 5 克、姜汁 2~3 克混合调匀。

用法：每晚睡前将之涂抹于眼眉部位，第二日清晨洗去，一个月后可显效。

功效：适用于眉毛稀少与眉毛易脱落者。

十、蜂王浆祛皱润肤油

配方：蜂王浆 20 克、植物油 10 克、蛋黄一个搅匀。

用法：洗脸后取 5 克擦于面部，保持 30 分钟以上，后温水洗净，每周 2 次，连续使用 7~10 次可显效。

功效：适用于干性皮肤，可使皮肤爽净、细嫩，逐渐减少和消退皱纹。

十一、蜂王浆护肤蜡膜

配方：蜂王浆5克、蜂蜡10克、鱼肝油5克。

用法：先将蜂蜡加热溶化，加入鱼肝油和王浆搅匀，每晚睡前涂于面部轻轻按摩，第二日清晨以温水洗净即可。

功效：滋润护肤、养颜驻容、保护皮肤。

十二、蜂王浆护发生发水

配方：蜂王浆、蜂蜜各5克、1%蜂胶乙醇液2毫升。

用法：将三者混合调匀，洗发后将之均匀涂抹于头发上及头发脱落部位揉搓均匀，3天1次，坚持3个月后即可显效。

功效：养发、乌发、护发，适用于脱发、断发、白发及黄发者。

第四节　蜂王浆的产品剂型及食品应用

一、蜂王浆的产品剂型

蜂王浆的产品剂型有纯鲜蜂王浆、蜂王浆冻干粉、蜂王浆片剂、蜂王浆软胶囊、蜂王浆硬胶囊、蜂王浆口服液、王浆酒、王浆花粉膏、王浆糖、洋参王浆片等多种剂型。

二、蜂王浆在食品饮料业上的应用

将蜂王浆添加到副食品或饮料中经常饮食，可起到滋补强身的作用。冷冻纯净蜂王浆、蜂王浆巧克力、蜂乳奶粉、蜂乳晶、蜂王浆奶糖等制品，颇受消费者欢迎。还有一些食品厂将蜂王浆作为食品强化剂添加到面包、饼干、口香糖中，每日食用一定量，既有利于强身健体，又有利于防病治病。

营养饮料是当今市场上方兴未艾的新型饮料，如蜂王浆酒、蜂王浆汽水、蜂王浆可乐、蜂王浆蜜露、蜂王浆冰激凌等，堪称营养饮料之上品，畅销不衰。

三、蜂胶加蜂王浆是天然浓缩的抗氧化剂

氧是生命存在的基本要素，没有氧生命运动就无法进行，然而，氧化作用的副反应的产物活性氧和自由基大约与80多种疾病有关。现代研究表明，蜂王浆中富含丰富的超氧化物歧化酶（SOD）、过氧化氢酶（CAT）等抗氧化酶和硒、锌、铜、锰等，还有维生素A、维生素C、维生素E、维生素 B_2 等抗氧化剂。

蜂胶中含有丰富的黄酮类、甙类、酚类、萜烯类化合物，不饱和脂肪酸、维生素A、维生素C、维生素E及微量元素硒、锌、铜、锰，构成了不可多得的天然抗氧化剂。

蜂王浆和蜂胶同时服用，具有互补性，还增强了抗氧化作用，更好地抑制机体内物质的过氧化反应，保持自由基产生与消除的平衡，对防病和抗衰老有着重要作用。所以，蜂胶加蜂王浆是天然浓缩的抗氧化剂。

四、蜂王浆在美容化妆品上的应用前景

在追求美丽和健康的今天，人们更注重于天然的美容剂。目前公认的天然美容剂有蜂蜜、蜂王浆、蜂花粉、珍珠、人参、果汁等，而现在蜂产品最受青睐。蜂产品不但无任何毒性，而且涂于面部无不适感，不会造成以往使用的含铅、汞、铬、硫的化妆品造成的面部斑疹和色素沉积等副作用。蜂王浆含有丰富的维生素、微量元素、氨基酸、黄酮类物质、酶类和激素，是良好的皮肤细胞滋生剂，易被表皮细胞吸收，增强皮肤细胞活力，美容效果极好。

蜂王浆中的细胞生长因子，能促进细胞分裂和繁殖，使衰老细胞重新焕发活力。蜂王浆还有防皲裂、防粗糙、消除皮肤皱纹的独特功效。蜂王浆中的球蛋白可增强毛细血管的通透性，对丙酸杆菌引起的痤疮有治疗作

用。它所含的清蛋白类是皮肤能够吸收的功能蛋白，适用于枯泽干燥型皮肤。皮肤黑色素主要由于酪氨酸酶催化氧化酪氨酸而产生的，而蜂王浆中的氨基丁酸可抑制酪氨酸酶活性，可抗氧化并吸收紫外线。

　　各种色素沉着（老年斑、雀斑、黄褐斑等）的产生还与超氧自由基有关。蜂王浆中的超氧化物歧化酶可以清除超氧自由基。蜂王浆含有多种果酸，如乙酸、乳酸、柠檬酸、苹果酸等，为长寿美容保健奠定了基础。羟基乙酸是分子量较小的果酸，可较好地渗入皮肤、软化表皮角质层从而剥落老化细胞，在润滑皮肤、增加肌肤弹性等方面效果明显。L-乳酸可作为天然保湿因子，能有效去除细纹和皱纹。蜂王浆可作为多种化妆品的原材料，不仅可以营养肌肤，为肌肤提供足够的营养，而且可使皮肤更加洁白、细腻、光泽、富有弹性，减少皱纹和黄褐斑，使人青春永驻。这些功效都使蜂王浆在化妆品及日用品开发上成为理想的原材料，并为进一步深加工奠定基础。蜂王浆的合理使用将是健康美丽美容的新趋势。

第六章

蜂王浆的储存和食用说明

第一节　蜂王浆的储存

一、蜂王浆需要保鲜

蜂王浆的珍贵之处不仅在于其营养成分十分全面，更在于蜂王浆中含有的迄今为止尚未为人所尽知的、发挥着神奇功效的生物活性物质。这些生物活性物质在常温和阳光照射条件下极易遭到破坏，因此为了保持这些生物活性物质的稳定，保持蜂王浆的功效，就需要采用必要的保鲜手段进行保鲜，常用的手段就是低温冷藏。

二、贮存蜂王浆要求的条件

蜂王浆含有丰富的生物活性物质，保存不当，容易腐败变质，以致失去使用价值。根据蜂王浆的"七怕"特点，在贮存过程中要多方面注意。尽管蜂王浆有很强的抑菌能力，然而对酵母菌的抑制作用较低，在阳光照射、气温较高的条件下，经过几十个小时就会发酵出现气泡。盛装蜂王浆的容器不宜透明，不可用铁、铝、铜等金属容器，以乳白色、无毒塑料瓶或棕色玻璃瓶为宜，使用前要洗净、消毒、晾干。容器可以装满，尽量不留空余，拧紧瓶盖，外用蜂蜡密封，减少与空气接触，避免产生氧化反应。特别是蜂王浆要求在低温条件下贮存。实践证明，在这样的温度下，存放一年，其成分变化甚微，在-18℃的条件下可存放数年，不会变质。

三、蜂王浆的短期存放

养蜂场由于流动性大，在没有低温冷冻设备条件时，所产蜂王浆应及时交售，如距交售地点太远，3～5天不能交售时，可采用下列方法暂时保存。

1. 地坑保存

在蜂场驻地的室内或阴凉处，挖一深坑，将盛蜂王浆的容器密封，外用塑料袋扎捆，放入坑内，用土掩盖。

2. 深水井贮存

将盛蜂王浆的容器封闭好，使水不能浸入，放入水桶内，用网封住桶口以绳子拴吊沉入深水井底层。

3. 冷水贮存

将盛有蜂王浆的容器密封好，放入冷水盆或水桶中，使瓶口高于水面，上面盖上湿毛巾，每3个小时换一次水。

4. 蜜桶贮存

将盛有蜂王浆的容器密闭封口，沉入装有蜂蜜的蜜桶中。

四、蜂王浆保鲜方法

第一，要尽量使新鲜蜂王浆保持低温，一般认为，-7～-5℃可较长时期贮存，不变质。

第二，尽量避免蜂王浆长时间暴露于空气中，盛放蜂王浆的容器要装满封严，因为蜂王浆极易被空气中的氧气氧化变质。

第三，尽量减少微生物污染的机会，保持生产、加工和贮存蜂王浆用的器具和环境整洁，与蜂王浆直接接触的器具在使用前最好用75%的酒精消毒，对生产、加工蜂王浆人员的卫生要严格要求。

第四，尽量避免阳光照射，防止光照破坏蜂王浆活性物质，降低蜂王浆质量。

第五，一定要避免使用金属器具存放蜂王浆，防止蜂王浆中酸性物质腐蚀金属，使蜂王浆变质。

五、家庭保存蜂王浆方法

有冰箱的家庭，用冰箱来冷冻保存蜂王浆可以达到长期保鲜的目的。将蜂王浆置于乳白色无毒的塑料瓶中，拧紧瓶盖放在冰箱的冷冻室中即可。

为了食用方便，可以用小塑料瓶进行分装，将一两个星期用量的蜂王浆放在冰箱的冷藏室，其他的放在冰箱的冷冻室，或者在购买时就选择够一两个星期用量的包装。如果没有冰箱要在常温下保存的话，可以将蜂王浆调制成蜂王浆蜜和蜂王浆酒进行保存。北京市蜂业公司开发生产的臻品蜂王浆，每小袋定量 5 克，用保鲜袋包装，可有效解决蜂王浆食用不便、定量不准确的问题，大大方便了消费者食用。

第二节　蜂王浆的食用说明

一、以下人群不宜食用蜂王浆

1. 十岁以下儿童

因儿童正处在生长发育期，体内的激素分泌处于复杂的相对平衡状态，供应较为充足，蜂王浆内含有微量的激素，有可能导致儿童体内相对平衡的激素分泌出现失衡，影响正常发育。

2. 过敏体质者

即平时吃海鲜及药物过敏的人，因蜂王浆中含有激素、酶、异性蛋白等过敏原，此类人群服用蜂王浆可能会出现过敏现象。

3. 肠道功能紊乱及腹泻者

因蜂王浆有可能引起肠壁收缩，诱发肠胃功能紊乱，导致腹泻、便秘等。

4. 孕妇

蜂王浆对孕妇的子宫产生收缩刺激，影响胎儿的正常发育。

二、蜂王浆的食用方法

常见食用蜂王浆的方法如下。

1. 吞服

直接将鲜蜂王浆或蜂王浆冻干粉、蜂王浆片剂含于口中，用凉开水送下，这是一种较为普遍的食用方法；也可以将蜂王浆与蜂蜜调和制成蜂王浆蜂蜜，直接食用；喜欢饮酒的朋友，可以将蜂王浆和白酒调制成蜂王浆酒饮用。

2. 含服

将鲜王浆或蜂王浆冻干粉、蜂王浆片剂放在舌下，慢慢含化，直接由口腔黏膜吸收。

3. 涂擦

将蜂王浆配置成软膏或化妆品等，用来涂抹伤患处或用于美容，可治疗烫伤、烧伤、皮肤病等，还使皮肤光泽、白嫩、消除色斑和皱纹，效果较好。

4. 注射

将蜂王浆注射液直接供皮下或肌内注射。在临床上对重病或病危的患者，一般都采取注射的方法，因为注射剂可使蜂王浆中的类胰岛素和两种球蛋白等有效成分保存完好，而且便于人体直接吸收利用。

三、食用蜂王浆的最佳时间

食用蜂王浆的最佳时间是清晨起床后（早餐前半小时）或晚上就寝前，在空腹状态下食用。因为空腹食用不仅吸收较好，而且也可减少胃酸对蜂王浆有效成分的破坏。

作为治疗用的蜂王浆及其制品，在临床治疗上应遵医嘱。

四、食用蜂王浆适宜量

蜂王浆的食用量因人、因情、因目的而异。一般情况下，成人营养、保健或美容食用蜂王浆每次 5 克左右；体弱多病者每次 10～15 克。极个别特殊人群（如癌症病人）可增加到 20～30 克。

蜂王浆制品依照包装盒中说明为准。

五、食用蜂王浆见效时间

蜂王浆属于营养保健品，不会像药物那样有立竿见影的效果，蜂王浆对人体起的是补益和调理的作用，需一段时间方能见效。食用蜂王浆见效时间的长短首先与食用者本人有关，不同的人因身体条件和吸收程度的不同，见效时间也不一样。其次与所要治疗的病症有关，如果适应症准确，一般一个星期就有效果，快的 3～5 天就有感觉。用蜂王浆来治疗一些慢性病、疑难病，就要长期食用，一般 2 个月为一疗程可有满意的效果，但为了巩固疗效、增强体质，最好长期食用。

六、食用蜂王浆无须忌口

使用中药和西药来治病时禁忌较多，有些药物的反应很强或有较大的副作用。而蜂王浆本来就是蜂王的食物，它和日常各种饮食及任何中西药物都不会发生相互作用，所以在食用蜂王浆时可以正常饮食，也可以正常服药治疗，无须忌口。只要按规定方法配制和食用，不会有任何副作用。

七、食用蜂王浆应注意问题

一是食用时注意蜂王浆的质量和剂量，如蜂王浆酒、蜂王浆蜜等，食用前一定要搅拌均匀，保证每次食用到充分的量（保健量为每次纯蜂王浆3~5克，治疗量为每次20克以上，因病酌情增减）。

二是绝对避免用开水冲服或配兑，谨防高温破坏蜂王浆的活性物质而影响功效，用水冲服时，可用温、凉开水或矿泉水。

三是储存或食用时，不要用金属（不锈钢除外）器具，可选用陶瓷、搪瓷、玻璃、塑料或木质器具，严防造成不良反应或污染。

四是食用蜂王浆贵在坚持，一定根据治疗和保健的需要坚持天天食用，时间和剂量上都要保证，这样才能取得理想的效果。

八、夏季亦可食用蜂王浆

在我国，一般人讲究夏天不补，是因为传统的人参、鹿茸和燕窝都为热补，老年人和慢性疾病的人夏天进补后会出现便秘和虚火上升等情况。而蜂王浆性平，清热解毒利大小便，坚持食用食欲好，睡眠好，精神好，免疫力提高，抗热抗病能力强，所以夏季食用蜂王浆非常有利于健康。

第三节　蜂王浆保健疑难问题解答

一、为什么有人食用蜂王浆后感觉效果不明显？

正常情况下，人们食用蜂王浆3~5天便会感觉到胃口好、睡眠香、精神焕发、精力充沛，对恶劣环境的抵御能力增强，这是因为蜂王浆滋养人体各个脏器，调节内分泌、消化、神经系统和其他系统功能，使之旺盛、平衡的缘故。但有些人食用蜂王浆一段时间后没有什么明显感觉，这也是正常现象，在排除蜂王浆质量问题外，说明食用者身体健康情况良好，各器官处于最佳运转状态，所以食用蜂王浆后没有明显感觉。虽然身体的感觉不明显，但蜂王浆对人体的保健作用是不容置疑的，蜂王浆可延缓人体衰老，使机体的抗病和抗有害侵袭的能力更强，使人体能保持健康状态。因此，健康人也可按保健量食用蜂王浆，起到固本培元的作用，使身体能长期保持健康状态。

二、蜂王浆中的激素是否对人体有害？

很多人认为，激素对人体有害而无益，这种观点存在着认识上的错误。

科学地讲，人体需要补充激素，补充的适量对人体有益，补充的过量对人体有害。据研究，只有每人每月食用蜂王浆量超过 875 千克，才会对人体产生不良影响。对于中老年人来说，补充激素有益于身体健康。老年人容易患骨质疏松，其根本原因就是缺乏性激素，食用蜂王浆能补充这些性激素，减慢骨质疏松速度，预防骨质疏松症。

三、乳腺癌乳腺增生患者能吃蜂王浆吗？

蜂王浆中的激素特别是性激素的含量水平很低，与正常人体的日常分泌量以及需要量甚至和医生在治疗与激素分泌失常的病人所开给病人的激素药物处方药量都差距很大，根本不在同一数量级上，因此蜂王浆中微量的性激素与乳腺癌、乳腺增生等疾病的发生和发展都没关系，相关病人可根据需要食用蜂王浆。

四、食用蜂王浆会增加患乳腺癌的危险吗？

有的人认为服用蜂王浆会引发乳腺增生癌变，因为蜂王浆中含有性激素。2003 年 7 月 31 日，由南京科技局组织科研鉴定，请了著名肿瘤学、妇科学、内分泌学和流行病学专家，得出鉴定结果，食用蜂王浆不会增加乳腺癌危险。分析结果表明，蜂王浆中性激素含量每克含雌二醇小于 10 纳克，相当于引起人体生理功能剂量的五百万分之一，不会对人体产生副作用。而蜂王浆含有的王浆酸，有抗辐射、抑制肿瘤细胞的生长作用，防止癌变。

五、食用蜂王浆会上火吗？

一般来说食用蜂王浆是不会上火的，蜂王浆里含有大量的高生物活性物质，能迅速补充人体所需，刚开始先小剂量食用，5～10 克/天，分 2 次食用，然后可根据自身情况酌情增加。

六、食用蜂王浆会发胖吗？

服用蜂王浆能明显改善食欲，因此不少消费者提出会不会发胖？科学研究发现，人体发胖，并不是完全由营养过剩而造成的，如果饮食中缺乏某些能使脂肪转化为能量的营养素，体内脂肪就不能转化为能量释放出来，累积起来导致肥胖。

日本京都大学营养科学研究发现，肥胖的原因是维生素 B 族供应不足所致，因为维生素 B 族是机体脂肪转化为能量的媒介，长期食用蜂王浆虽然增加食欲，但由于蜂王浆含有全面的营养成分，不仅给机体细胞的生长修复提供丰富的原料，而且，蜂王浆中的生物活性物质对机体的各种生理功能具有很好的调节作用，增强人体新陈代谢，特别是丰富的维生素 B 族，能促进机体内脂肪转化为能量而释放，所以，经常食用蜂王浆不会引起肥胖。

七、哮喘病人能吃蜂王浆吗？

哮喘是因为支气管痉挛，限制气流进入肺或呼出肺所致，或者是支气管患有慢性炎症和过敏。哮喘发作可因过敏源诱发，如食物、烟尘、兽毛、化学物质、病毒感染、吸入冷空气及精神压力。当然蜂王浆也有引起过敏的可能，但与哮喘的发生没有必然联系，不能一概而论的说哮喘病人能吃还是不能吃，要具体了解它的哮喘是什么原因引起的，如证明哮喘源于蜂王浆，当然不能吃，如果不是，吃蜂王浆还可以辅助治疗哮喘。

八、食用蜂王浆会导致便秘吗?

蜂王浆含有丰富的矿物质、维生素和其他营养成分,能促进消化,加强消化系统功能,促进胃肠道消化分泌,从而使肠胃功能改善,不会导致便秘,相反还会治疗便秘。

九、如何避免食用蜂王浆后出现胃疼反应?

蜂王浆属于酸性食品,肠胃功能正常的人食用后不会产生不良反应,但胃酸较多的人空腹食用后可能会因酸性刺激出现胃部不适,因此,建议这部分人群在饭后食用蜂王浆,可以避免这种不适。

十、蜂王浆能够长期食用吗?

蜂王浆作为一种天然营养保健品,没有任何毒副作用,完全能够长期食用,起到增强体质、减少疾病、益寿延年的作用。

十一、如何避免食用蜂王浆的不适反应?

食用蜂王浆的不适反应有以下几种:过敏、拉肚子、呕吐。

有极个别人(主要是过敏体质的人)在服用蜂王浆时,会产生轻微过敏反应,出现荨麻疹和哮喘等症状,但只要停止食用,并给予抗过敏药,症状会自行消失。

某些消费者对蜂王浆的口味不适应,蜂王浆的酸性物质对咽喉产生局部刺激导致呕吐,属正常现象。为避免王浆的直接刺激,可将蜂蜜和蜂王浆调和服用,或者改食蜂王浆冻干含片或蜂王浆冻干粉胶囊。

个别消费者食用蜂王浆后会产生拉肚子现象,是因为选择了饭后食用的关系,人们饭后肠胃会分泌大量的胃酸来帮助食物消化,然而胃酸对王浆会有一定的破坏作用,若此时食用蜂王浆,会产生反应造成对胃部的刺激,因此部分人群会产生呕吐现象。建议早晚空腹食用蜂王浆,不但吸收效果好，还能避免呕吐现象的发生。

十二、如何自制蜂王浆酒？

将蜂王浆和白酒调配成蜂王浆酒饮用，十分方便。蜂王浆调入白酒后可在常温下较长时间保存，保存期可在 3 个月左右。方法是选用优质白酒400 毫升和鲜蜂王浆 100 克充分摇晃或搅拌均匀即可。蜂王浆酒在储存中，蜂王浆中的部分物质容易发生沉淀，这不是质量发生了变化，每次饮用前摇匀就可以了。

十三、如何配制蜂王浆蜜？

将蜂王浆和蜂蜜调和，配制成蜂王浆蜜，可以延长蜂王浆在常温下的保存时间（保存期 3 个月左右）；也可调整口味，一些人比较难于接受蜂王浆酸、涩、辣的口味，调入蜂蜜后有利于更多的人接受；还有蜂王浆和蜂蜜相配使营养更加全面。方法是将一定量的蜂王浆放入瓷质容器（或不锈钢容器中），边搅拌边加入少量蜂蜜，混合均匀后再加入适量蜂蜜，实行递增法，直至够量为止。蜂王浆和蜂蜜的配比根据个人的需要而定，若用于保健，蜂王浆比例可低一些，如是治疗用，蜂王浆的比例则调高些，一般蜂王浆与蜂蜜的正常比例在（1：10）~（1：5）。

蜂王浆蜜储存的时间长了，蜂王浆和蜂蜜会发生分层现象，这不是变质，在服用前搅拌均匀即可。

第四节　蜂王浆的选购

一、购买蜂王浆的方法

如今蜂产品市场鱼目混珠，各种产品良莠不齐。消费者在购买蜂王浆产品时一定要选择信誉好的蜂产品专卖店或可靠的品牌，最好不要购买摊贩兜售的蜂王浆，千万注意别图便宜买了假冒伪劣产品；其次购买时要注意检查，起码对蜂王浆的感官指标要做详细的检查，尽可能避免上当受骗；再则，购买蜂王浆后必须及时进行低温储存，避免蜂王浆发生变质。

二、"华林"牌蜂王浆的特色

"纯""活"和"鲜"是华林牌鲜蜂王浆的最大特色。即原料来自无公害生产基地，确保优质、100%纯天然；加工工艺科学合理，保持了鲜王浆的所有营养成分和活性物质；质量管理现代化，食用、保存、携带方便。

由于养蜂生产具有偏僻、流动、分散、零星、野外操作的特点，蜂农在生产蜂王浆时质量无人监控，个别人甚至还会掺杂使假。规模小的工厂无法控制蜂王浆原料的生产过程，对蜂农的健康状况、生产冷藏设备、现场环境卫生、蜂群强弱、健康及施药状况更无法检测和控制，使受到污染的蜂王浆、病蜂浆、弱蜂浆、受热浆、掺假浆在市场上鱼目混珠。

而"华林"牌蜂王浆是以北京市蚕业蜂业管理站为依托管理、扶持京郊养蜂生产的蜂王浆为原料精制而成。市蚕蜂站花大量精力和财力狠抓原料生产来获得最优质的鲜蜂王浆，对于严格遵守北京市蜂王浆生产规范的蜂农，其蜂王浆以高于市场价格收购。对蜂农进行生产知识培训；向蜂农发放生产蜂王浆的卫生和冷藏设备；蜂农在生产中必须接受监督；对蜂群建立档案，严禁病蜂、弱蜂产浆；生产工具必须经过沸水或酒精消毒，取浆在防尘、防蝇、清洁、无污染的室（棚）内进行，取浆后立即放在专备的干冰冷藏箱中保鲜等。

三、"华林"牌蜂王浆的品种

北京市蜂业公司生产的"华林"牌蜂王浆产品主要分两类：一类是原生态冷冻保存的臻品蜂王浆；另一类是采用国际上先进的生产工艺冷冻干燥，制成干粉，再经先进设备压片，不再需要冷藏。这两类的主要产品分别是：臻品鲜王浆、（出口型）鲜王浆、蜂王浆冻干含片及其他王浆制品蜂王浆牦牛骨小分子肽等。

参考文献

陈意柯 . 2016. 蜂王浆治疗口腔溃疡有效 [J]. 蜜蜂杂志, 36
　（01）：27.

陈意柯 . 2018. 蜂王浆使用得当有奇效 [J]. 中国蜂业, 69（04）：56.

谌迪 . 2017. 王浆主蛋白的抗衰老功能及分子机理研究 [D]. 杭州：浙
　江大学 .

褚佳玥 . 2017. 我国蜂王浆行业质量调研报告 [J]. 质量与标准化
　（07）：38-40.

代如意, 吴立, 霍旭辉, 等 . 2016. 蜂王浆片对大鼠降血脂功能的研究
　[J]. 农业与技术, 36（21）：37-39.

杜玉琴 . 2017. 蜂王浆治好结核病 [J]. 蜜蜂杂志, 37（05）：44.

高正海 . 2018. 蜂王浆能治肝炎病 [J]. 蜜蜂杂志, 38（04）：51.

郭兆华 . 2017. 蜂王浆治疗风湿性关节炎的故事 [J]. 中国蜂业, 68
　（09）：52.

胡福良 . 2019. 蜂王浆可改善小鼠的认知功能并减轻阿尔茨海默病相关
　的病理学变化 [J]. 中国蜂业, 70（02）：11.

雷明霞 . 2017 蜂王浆中有效成分对人体的保健功效 [J]. 甘肃畜牧兽
　医, 47（07）：112-113.

刘彩云, 李旭涛, 翟强伟, 等 . 2016. 浅述蜂王浆的品质优化及保健机
　理 [J]. 蜜蜂杂志, 36（08）：37-38.

刘进祖 . 2006. 蜂产品科学消费指南 [M]. 北京：北京出版社 .

刘进祖 . 2013. 健康长寿因子——蜂产品消费 600 问 [M]. 北京：中国

传媒大学出版社.

刘强,卜莉,拜雏波,等.2017.蜂王浆的药理作用研究进展 [J].中国蜂业,68(10):50-51.

刘喜生,李春雁,靳藜.2015.蜂王浆的药理和生理作用 [J].中国蜂业,66(04):48-49.

刘奕辰,陈伊凡,胡福良.2019.蜂王浆治疗更年期综合征及其相关机制的研究进展 [J].天然产物研究与开发,31(03):538-544.

邵琪琪,林焱,张以宏,等.2018.蜂王浆中活性成分的药理作用研究进展 [J].食品工业,39(04):276-279.

沈凤云.2015.服用蜂王浆能控制白血球减少 [J].蜜蜂杂志,35(10):42.

史旖桢,胡福良.2017.蜂王浆治疗糖尿病的作用机制研究进展 [J].中国蜂业,68(06):19-21.

王杰.2015.蜂王浆成分及其提高动物繁殖性能的国内外研究 [J].大家健康(学术版),9(23):288-289.

吴树生.2015.坚持服用蜂王浆能延年益寿 [J].蜜蜂杂志,35(03):40.

吴雨祺,陈伊凡,游蒙蒙,等.2019.2018年国内外蜂王浆研究概况 [J].中国蜂业,70(03):63-67.

徐传球.2015.蜂王浆能缓解失眠症状 [J].蜜蜂杂志,35(04):57.

徐传球.2015.蜂王浆治疗小儿遗尿症效果好 [J].蜜蜂杂志,35(10):34.

徐一平,彭业辉,查日煌,等.2016中药醋剂联合蜂王浆外用治疗神经性皮炎疗效观察 [J].安徽中医药大学学报,35(05):35-38.

杨果平.2018.蜂王浆的激素危害无科学依据 [J].蜜蜂杂志,38(05):55.

游蒙蒙,胡福良.2018.蜂王浆在防治衰老相关性疾病中的研究进展 [J].蜜蜂杂志,38(06):5-10.

张娟 . 2016. 蜂王浆主要功效及在医学中的应用 [J]. 江西畜牧兽医杂志（04）：7-9.

周平 . 2015. 蜂王浆抗衰老作用的研究及进展报道分析 [J]. 信息化建设（08）：314.

ICS 65.140
B 47

中华人民共和国国家标准

GB/T 35027—2018

王 台 蜂 王 浆

Compound of royal jelly and queen larva in queen cell

2018-05-14 发布
2018-12-01 实施

国家市场监督管理总局
中国国家标准化管理委员会 发 布

前　言

本标准按照 GB/T 1.1—2009 给出的规则起草。

本标准由中华全国供销合作总社提出。

本标准由全国蜂产品标准化工作组（SAC/SWG 2）归口。

本标准起草单位：北京市蜂业公司、绿纯（北京）生物科技发展中心、农业部蜂产品质量监督检验测试中心（北京）、中国蜂产品协会蜂产品生产专业委员会、北京京纯养蜂专业合作社。

本标准主要起草人：刘进祖、吴忠高、谢勇、周金慧、刘进、郝紫微、张永贵、王星、吕传军、张传武、钟耀富、梁崇波、辛金艳、陈云、王有君。

王台蜂王浆

1 范围

本标准规定了王台蜂王浆的术语和定义、要求、试验方法、包装、标志、贮存和运输。

本标准适用于王台蜂王浆的生产和销售。

2 规范性引用文件

下列文件对于本文件的应用是必不可少的。凡是注日期的引用文件，仅注日期的版本适用于本文件。凡是不注日期的引用文件，其最新版本（包括所有的修改单）适用于本文件。

GB/T 191　　　　　包装贮运图示标志
GB 2762—2017　　食品安全国家标准 食品中污染物限量
GB 9697　　　　　蜂王浆
GB 14881—2013　食品安全国家标准 食品生产通用卫生规范
GB/T 32950　　　鲜活农产品标签标识
NY/T 638—2016　蜂王浆生产技术规范

3 术语和定义

下列术语和定义适用于本文件。

3.1 蜂王幼虫 queen larva

蜜蜂受精卵在王台中经工蜂饲喂蜂王浆发育而成的幼虫体。

3.2 王台蜂王浆 compound of royal jelly and queen larva in queen cell

贮存在王台中的蜂王浆和蜂王幼虫复合物。

3.3 王台蜂王浆生产 production of royal jelly and queen larva in queen cell

利用工蜂哺育蜂王幼虫的生物学特性，诱导哺育蜂分泌蜂王浆，采收王台蜂王浆的过程。

4 要求

4.1 生产要求

4.1.1 生产王台蜂王浆的台基应安全无毒，不得重复使用。

4.1.2 王台蜂王浆的生产技术规范应符合 NY/T 638—2016 要求（NY/T 638—2016 中的 8.7、8.8、8.9、8.10 要求除外）。

4.1.3 采收王台蜂王浆后，需立即密封、标识、放入−18℃以下的冰箱或冷柜冷冻。

4.2 感官要求

王台蜂王浆的感官要求应符合表 1 的规定。

表 1　感官要求

项 目	要　　求
状 态	王台上部为蜜蜂用蜂蜡自然堆筑的半圆锥形，有开口，王台下部为圆柱形；王台内部有蜂王幼虫和蜂王浆，蜂王幼虫呈蜷缩状，浸在蜂王浆上层，无肉眼可见杂质（蜡屑除外）。状态图见附录 A
色 泽	王台上部为蜂蜡特有的白色、黄色或褐色，无光泽；下部为人造塑料台基或蜂蜡台基。去除王台上部蜂蜡后，内部蜂王浆为乳白色、淡黄色或浅橙色，冰冻状态时有冰晶的光泽；蜂王幼虫为乳白色或淡黄色
滋 味	具有蜂王幼虫的腥味及蜂王浆特有酸、涩和微辣感，回味略甜
气 味	具有蜂王幼虫和蜂王浆特有的气味，无异味

4.3 理化要求

王台蜂王浆的理化要求应符合表 2 的规定。

表 2　理化要求

项　目		要　求
浆虫质量比值	≥	8.0
水分（g/100g）	≤	68.0
蛋白质（g/100g）	≥	12.0
灰分（g/100g）	≤	2.0
总糖（以葡萄糖计）（g/100g）	≤	17.5
酸度（1mol/LNaOH）（mL/100g）		23.0~40.0
10 羟基-2-癸烯酸（g/100g）	≥	1.25

4.4　安全卫生要求

王台蜂王浆污染物限量应符合 GB 2762—2017 中蜂产品相关的要求，生产加工过程应符合 GB 14881—2013 的要求。

4.5　真实性要求

不得添加或取出任何成分。

5　试验方法

5.1　感官要求

5.1.1　状态、色泽

取样品，在自然光下用肉眼观察王台蜂王浆外观状态和色泽；去除王台上部的蜂蜡后，观察王台蜂王浆内部状态和色泽。

5.1.2　滋味

取样品，取出王台内容物口尝。

5.1.3　气味

取样品，用鼻嗅王台内容物气味。

5.2　理化要求

5.2.1　样品的采样制备

随机采集不少于 40 枚需检测的王台蜂王浆，待王台蜂王浆解冻后，用刀片割去王台上部的蜂蜡，利用专用取浆器或药匙作为采收工具，把王台内容物全部取出，放入不锈钢或玻璃容器中，充分均质，作为 5.2.3~5.2.8 项目的待测样品，备用。

取样后应立即试验，如有 30min 以上的间隔试验应放入−18℃冰箱中密封冷冻保存。

5.2.2 浆虫质量比值测定

随机采集不少于 10 枚需检测的王台蜂王浆，待王台蜂王浆解冻后，用刀片割去王台上部的蜂蜡。取 1 个干燥的称量瓶，称定其质量为 m_1（精确到 0.01g，下同）；用镊子小心把王台中的蜂王幼虫夹出，放入称量瓶中，称定其质量为 m_2；用取浆器或药匙把王台中的蜂王浆取净，放入称量瓶中，称定其质量为 m_3。按式（1）计算浆虫质量比值：

$$X = \frac{m_3 - m_2}{m_2 - m_1} \tag{1}$$

式中：

X——浆虫质量比值；

m_1——采样用称量瓶质量，单位为克（g）；

m_2——采集完蜂王幼虫的称量瓶质量，单位为克（g）；

m_3——采集完蜂王幼虫、蜂王浆的称量瓶质量，单位为克（g）。

计算结果保留小数点后 1 位有效数字。

平行试验相对偏差不超过 5%。

5.2.3 水分

按 GB 9697 规定的方法试验。

5.2.4 蛋白质

按 GB 9697 规定的方法试验。

5.2.5 灰分

按 GB 9697 规定的方法试验。

5.2.6 总糖

按 GB 9697 规定的方法试验。

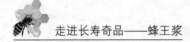

5.2.7　酸度

按 GB 9697 规定的方法试验。

5.2.8　10-羟基-2-癸烯酸

按 GB 9697 规定的方法试验。

6　包装、标志、贮存、运输

6.1　包装

包装材料应符合食品安全标准要求；内包装材料应具有气密性和防潮性，不易破损、无泄漏。

6.2　标志

6.2.1　产品标签标识应符合 GB/T 32950 要求。

6.2.2　运输包装标志应符合 GB/T 191 规定。

6.3　贮存

产品应在-18℃冷冻条件下贮存，不得与有异味、有毒、有腐蚀性和可能产生污染的物品同库存放。

6.4　运输

低温运输，不得与有异味、有毒、有腐蚀性和可能产生污染的物品混装同运。

附 录 A

（资料性附录）

王台蜂王浆状态图

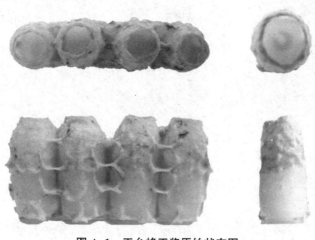

图 A.1 王台蜂王浆原始状态图

图 A.2 王台蜂王浆去掉上部蜂蜡状态图